高等院校艺术设计类专业系列教材

包装设计
原理与实战策略

连维建 编著

清华大学出版社

北 京

内 容 简 介

本书针对现代包装这一学科进行全面论述，内容涉及包装的视觉传达设计、包装的形态结构设计，以及包装印刷工艺设计等方面。书中内容共分为6章，包括包装设计概述，包装的功能、作用与分类，包装设计的要素，包装设计的操作流程，包装设计创意与表达，包装印刷工艺等。

本书可作为艺术设计相关专业学生的教材，也可作为包装设计师和包装设计从业者的参考用书。

图书在版编目(CIP)数据

包装设计原理与实战策略 / 连维建编著. —北京：清华大学出版社，2022.7（2024.2重印）
高等院校艺术设计类专业系列教材
ISBN 978-7-302-59580-9

Ⅰ．①包… Ⅱ．①连… Ⅲ．①包装设计—高等学校—教材 Ⅳ．①TB842

中国版本图书馆CIP数据核字(2021)第238561号

责任编辑：李　磊
封面设计：陈　侃
版式设计：孔祥峰
责任校对：马遥遥
责任印制：宋　林

出版发行：清华大学出版社
　　　　网　　　址：https://www.tup.com.cn，https://www.wqxuetang.com
　　　　地　　　址：北京清华大学学研大厦 A 座　　　邮　　编：100084
　　　　社 总 机：010-83470000　　　　　　　　　　邮　　购：010-62786544
　　　　投稿与读者服务：010-62776969，c-service@tup.tsinghua.edu.cn
　　　　质 量 反 馈：010-62772015，zhiliang@tup.tsinghua.edu.cn
印 装 者：三河市铭诚印务有限公司
经　　销：全国新华书店
开　　本：185mm×260mm　　印　　张：11　　字　　数：268 千字
版　　次：2022 年 7 月第 1 版　　印　　次：2024 年 2 月第 2 次印刷
定　　价：59.80 元

产品编号：081129-01

高等院校艺术设计类专业系列教材

编委会

主 编

薛 明
天津美术学院视觉设计与
手工艺术学院院长、教授

副主编

高 山　庞 博

编 委

陈 侃　曾 丹　蒋松儒　姜慧之　李喜龙　李天成
孙有强　黄 迪　宋树峰　连维建　孙 惠　李 响
史宏爽

专家委员

天津美术学院副院长	郭振山	教授
中国美术学院设计艺术学院院长	毕学峰	教授
中央美术学院设计学院院长	宋协伟	教授
清华大学美术学院视觉传达设计系副主任	陈 楠	教授
广州美术学院视觉艺术设计学院院长	曹 雪	教授
西安美术学院设计学院院长	张 浩	教授
四川美术学院设计艺术学院副院长	吕 曦	教授
湖北美术学院设计系主任	吴 萍	教授
鲁迅美术学院视觉传达设计学院院长	李 晨	教授
吉林艺术学院设计学院副院长	吴轶博	教授
吉林建筑大学艺术学院院长	齐伟民	教授
吉林大学艺术学院副院长	石鹏翔	教授
湖南师范大学美术学院院长	李少波	教授
中国传媒大学动画与数字艺术学院院长	黄心渊	教授

序

　　"平面设计"英文为 graphic design，美国书籍装帧设计师威廉·阿迪逊·德维金斯 (William Addison Dwiggins) 于 1922 年提出了这一术语。他使用 graphic design 来描述自己所从事的设计活动，借以说明在平面内通过对文字和图形等进行有序、清晰地排列完成信息传达的过程，奠定了现代平面设计的概念基础。

　　广义上讲，从人类使用文字、图形来记录和传播信息的那一刻起，平面设计就出现了。从石器时代到现代社会，平面设计经历了几个阶段的发展，发生过革命性的变化，一直是人类传播信息的过程中不可或缺的艺术设计类型。

　　随着互联网的普及和数字技术的发展，人类进入了数字化时代，"虚拟世界联结而成的元宇宙"等概念铺天盖地袭来。与大航海时代、工业革命时代、宇航时代一样，数字时代也具有一定的历史意义和时代特征。

　　数字化社会的逐步形成，使媒介的类型和信息传达的形式发生了很大转变：从单一媒体发展到多媒体，从二维平面发展到三维空间，从静态表现发展到动态表现，从印刷介质发展到电子媒介，从单向传达发展到双向交互，从实体展示发展到虚拟空间。相应地，平面设计也进入了一个新的发展阶段，数字化的艺术设计创新必将成为平面设计领域的重点。

　　当今时代，专业之间的界限逐渐模糊，学科之间的交叉融合现象越来越多，艺术设计教育的模式必将更多元、更开放，突破传统、不断探索并开拓专业的外延是必然趋势。在这样的专业发展趋势下，艺术设计的教学应坚持现代技术与传统理念相结合、科技手段与人文精神相结合，从艺术设计本体出发，强调独立的学术精神和实验精神，逐步形成内容完备的教材体系和特色鲜明的教学模式。

　　本系列教材体现了交叉性、跨领域、新型学科的诸多"新文科"特征，强调发展专业特色，打造学科优势，有助于培养具有良好的艺术修养和人文素养，具备扎实的技术能力和丰富的创造能力，拥有前瞻意识、创新意识及开拓精神、社会服务精神的高素质创新型艺术设计人才。

　　本系列教材基于教育教学的视角，从知识的实用性和基础性出发，不仅涵盖设计类专业的主要理论，还兼顾学科交叉内容，力求体现国内外艺术设计领域前沿动态和科技发展对艺术设计的影响，以及艺术设计过程中展现的数字设计形式，希望能够对我国高等院校艺术设计类专业的教育教学产生积极的现实意义。

天津美术学院视觉设计与手工艺术学院院长、教授

现代的包装设计早已不是传统意义上仅仅画些图案，写几个商品名的"美化"设计，而是集包装结构、包装材料、人性化设计、品牌传播、视觉传达等多角度于一体的复合设计过程。这些设计要求决定了包装设计是戴着"枷锁"舞蹈的艺术。

包装设计是高校视觉传达设计专业的必修核心课程，也是传统经典课程。而要培养一名优秀、专业的包装设计师，绝非是在校期间对于包装设计课程几十个课时的学习能做到的，没有几年、十几年的基础实务培养与实际案例积累，设计师很难独当一面。

随着新思潮、新理念的不断涌现，包装被赋予了一些全新的概念和内涵，成为一种"理念""行为"和"时尚"。随着视觉传达设计领域的发展，包装设计也更需要有系统完善的与行业发展相对应的新教材，从而培养更多高质量、高水平的包装设计人才。

在本书中，笔者将从事包装设计工作多年的经验，从理论到实战案例，进行了全面详细的介绍，涉及包装设计的理论与原理、实战策略、案例分析、技术与工艺。书中将案例拆分，分析如何将一个"产品"通过设计策略变为"商品"，详细梳理其背后的设计路径，探究包装表层和深层的设计规律，为现代包装设计找出可供借鉴的方法。

包装设计涉及多门学科，并不是简单靠一个创意灵感、画几幅插画或设计几个字体就能完成的。如何采取有效的包装设计使产品从竞争中脱颖而出，影响消费者的购买决策，是企业品牌整合营销计划中非常重要的课题。由此可见，包装设计是一种将产品信息与形态、结构、色彩、商标、文字、图形及设计辅助元素进行整合，为产品提供容纳、保护、运输、经销、识别与产品区分，最终以独特的方式树立品牌形象、传达商品信息，从而达到营销目的的系统工程。不仅如此，现代包装设计还需考虑商品的使用周期、安全卫生、回收利用、环境友好、人文关怀等多方面的诉求，以期在完成包装属性的功能和任务的同时，协调好商品与人、商品与包装、包装与环境的关系。

本书并不仅仅是一本单纯的包装设计的实用性书籍，而是将现代包装设计的各种可能性放在历史发展与艺术设计观念变化的大背景下进行探讨，同时给出关于包装在视觉传达设计领域的创新功能及其具体运用，使读者认识到，包装设计不仅改变人们的生活方式，也改变人们的价值观和审美观，最终改变的是人类自身。

在新时代的背景下，包装设计师无疑需要掌握更多不同领域的专业知识，以国际化的视野和创新实践为动力，担当起助推经济、提升生活品质、传播文化的重要角色。

为了便于学生学习和教师开展教学工作，本书提供立体化教学资源，包括教学大纲、PPT 课件、Photoshop 视频教程等，读者可扫描右侧二维码获取。

教学资源

本书在编写过程中，借鉴了国内外设计师的优秀作品，由于时间仓促，未能逐一注明出处，在此向各位创作者表示衷心的感谢。因篇幅所限，尚有许多理念和问题无法在书中充分体现，还望读者见谅！

编　者

2021.12

目　录

第1章　包装设计概述

第2章　包装的功能、作用与分类

第3章　包装设计的要素

第4章　包装设计的操作流程

第5章　包装设计创意与表达

第6章　包装印刷工艺

第1章 包装设计概述

本章概述：

本章主要讲述什么是包装，并通过对中外包装史的分析，阐述包装的产生与发展，还介绍了大自然中的天然包装。

教学目标：

通过学习中外包装史，理解包装的发展规律，进而树立正确的设计观。

本章要点：

认识包装设计是服务于大众的艺术。

ALL　　WEB DESIGN　　LOGO DESIGN　　ILLUSTRATION　　PHOTOGRAPHY　　VIDEO

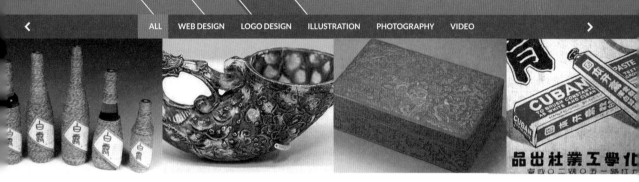

1.1 什么是包装

1.1.1 包装和包装设计

1. 包装的含义与功能

包装，英文为Package，而在中文里，它是一个形象且有意思的词汇。小篆"包"字，最初为胎儿的形象，中国古代象形文字生动准确地表达了该文字的含义。从字面上看，包装可以表述为"把物品包并装起来"，这朴素地反映了包装最初的本意和功能，即满足人类生活最基本的需求。

包装是以特定材料针对特定商品，通过特定的生产技术流程制成的具有包裹、盛装、营销等功能的物品形态。

包装是为了在流通中保护产品、减少损耗、方便储运、方便使用，而采用容器、材料及辅助物的过程中施加一定方法的操作活动。

小篆"包"字

包装是产品的"身份证"，即告诉消费者这是什么产品，也是宣传商品、树立品牌、传达信息、促进销售、传播文化的有力媒介。综合包装的作用可以看出，产品只有经过包装才能成为商品，包装需进行全方位的设计。

2. 包装设计的功能与意义

在现代社会生活中，包装设计无处不在，并且正以其强大的能量缔造并改变着我们的生活。包装设计是为了解决商品在流通消费中的物品保护功能与信息传播功能，以及审美功能的优化组合问题。因此，包装设计具有设计的多元性，是整体的系统化设计。随着时代的发展，当今的包装除具备"包好商品"这一最基本的功能外，还必须满足合理地保护和运输商品、准确地表现和传达商品的特性、最大化地促进商品的销售、最小化地减少包装垃圾的污染等多种要求。因此，现代包装设计已不再是传统意义上仅仅画些图案，写几个商品名的"美化"设计，而是从包装结构、包装材料、环境保护和品牌传播等多个角度的复合设计过程，它使现代包装设计开始成为众人瞩目的焦点。

包装设计是一门多学科交叉的课程，本书针对现代包装这一领域涉及的包装的视觉传达设计(平面设计、品牌形象设计)与包装的形态结构设计(形态设计、结构设计、材料设计)，以及包装印刷工艺设计等方面进行详细论述。

现代包装设计是对制成品的容器及其包装的构筑及外观进行的设计，目的是获得一种适合人们需要的、牢靠的、美好的、创造性的人为事物，也可以说是一种艺术性的创造活动。包装设计旨在使商品在运输与售卖时有一个与其内容相符的外壳，这便要求包装既要具有良好的技术设计以保护和表现产品的完美品质，又兼备良好的视觉设计效果以确保商品的顺利销售。

设计是紧随时代、重在观念的艺术，在经济全球化及科技迅猛发展的今天，信息广泛高速地传播，社会结构与价值观念、审美观念等更加多元化，人与人的交往越发频繁，社会和人类的需求不断增加，以及工业文明的异化所带来的能源、环境和生态危机等，这些都让社会发生了根本性的改变。面对这一切，能否适应它、利用它，使包装设计成为时代的产物，已成为当今设计师的重要任务。

包装设计是包裹的艺术；包装设计是捆扎的艺术；包装设计是裁切的艺术；包装设计是盛装的艺术；包装设计是美化的艺术；包装设计是戴着"枷锁"舞蹈的艺术；包装设计是纸篓艺术；包装设计是塑造形象的艺术。

包装设计是包裹的艺术

包装设计是捆扎的艺术

包装设计是裁切的艺术

包装设计是
盛装的艺术　　包装设计是
美化的艺术　　包装设计是戴着
"枷锁"舞蹈的艺术　　包装设计是
纸篓艺术

包装设计是塑造形象的艺术

◆ 1.1.2　包装设计是服务于大众的艺术

　　设计当随时代，在一个经济繁荣、生活富足的社会里，大众需求的多样化要求设计的多元化。例如，"二战"后的西方国家，随着经济的发展，大众生活相对富足，人们逐渐无法忍受单一、冷漠的设计风格，出现了后现代主义的多元化包装设计。再如，我国前些年出现的过度包装现象，其实是当经济繁荣后对之前长期的计划经济中漠视消费的矫枉过正，是在商业利益的助推下，全民压抑在心底的消费欲望的一次释放。

　　如今，人们的消费观念不断进步和趋于理性，并追求多样化、个性化，在这种特定的消费关系中，产生的包装设计也必然会更加多元化，包装设计师和生产厂家都必须在其中寻求特定的目标消费群为诉求对象。任何产品都有一定的目标消费群，现代产品设计更加注重细致分析消费对象的特殊性，包括消费者的职业、经济收入、生活方式，以及同行竞争的情况等，所有这一切考察都是在特定的消费关系中进行，目的是更准确地迎合不同消费对象的口味。作为艺术设计的具体目标，诉求对象在很大程度上决定了包装设计的效果，从简约到轻奢，现代包装设计的多元化可以说覆盖了不同梯次的消费人群，为他们量身打造，极大地满足了不同人群的不同需求。

包装设计不是设计师自娱自乐的事情，而是要服务于消费者的需要；不应该只为权贵服务，人民大众的需要才是"一切设计行为的起点和目标。"个人意识的任性、背离商业设计原则的放纵，都只会让设计成为布满灰尘的甚至无人回收的垃圾。包装设计归根结底不是纯粹的艺术，自娱型的设计师也许可以造势，可以驱动小众，却无法左右大众的意识。作为一个专业的设计师，其包装设计作品必然是在商业环境中不断推翻重来、不断提炼，而且是被各种因素制约着的作品。也许，商业作品不一定是一件完美的艺术品，但它一定是"服务于大众"的艺术，为大众所用的设计，在这个基础上追求的艺术性，才是我们需要去深究和发掘的。

限量版饮品包装，体现了独特的艺术灵感

商业作品不一定都是完美的艺术品

◆▶ 1.1.3　包装是一种文化现象

在人类发展的历史长河中，包装设计推动着人类文明不断向前发展，时至今日，包装不仅仅停留在保护商品的表层上，它已给人类带来了艺术与科技完美结合的视觉愉悦和超值的心理享受。

我们知道，一个时期的文化是该时期政治、经济的反映，包装作为人类智慧的结晶，广泛用于生活、生产中。早在公元前3000年，埃及人就开始用手工的方法熔铸、吹制原始的玻璃瓶，用于盛装物品，用纸莎草的芯制成了一种原始的纸张用以包装物品；公元105年，蔡伦发明了造纸术，在中国出现了用手工造纸做成的标贴。包装作为被物化的社会文化载体，它的历史如同人类历史的文化一样，是一个曲折而又漫长的过程。进入20世纪以后，现代包装开始伴随着现代商品经济和科学技术的高速发展而发展，给社会文化赋予了新的内容。现代包装作为一种文化现象，也进入了全新的时代。

有包装就会有包装设计，我们应把现代包装设计作为一种文化形态来对待。包装设计文化的结构是由内层的观众意识层，中层的组织制度层和外层的物质层所构成，三者互为联系。包装设计文化既有民族性又有时代性，表现在文化结构的不同层面上，共同构成了包装设计文化的整体。

在人类社会生活中，一切生物的需要已转化为文化的需要。现代包装设计正是一门以文化为本位、以生活为基础、以现代为导向的设计学科。因此，无论是在理论上还是在实践中，都应把包装设计作为一种文化形态来对待。

科技的发展、生产力的提高和文化的进步，带来了对包装设计文化的冲击，主要表现在生产和生活观念、价值观念、思维观念、审美观念、道德伦理观念、民族心理观念等方面。新思潮、新理念、新探索等赋予了"包装"一些全新的概念和内涵，"包装"成了一种"理念""行为"和"时尚"。

在如今这个物质极大丰富的时代，审美力已经逐步发展为新时代需要的核心竞争力。我们在需要美的物品、美的食品的同时，还需要美的包装。包装就是一款商品的服装。

现代人们讲的"形象包装"不再只是包裹的意思，"包装"被更广范围地翻版和使用，并为不同事物、不同场

包装是商品的服装也是一种文化现象

合、不同行为做着不同的诠释。例如，指代对人物形象的策划和宣传："人体包装"—服装—"包装人体"；"事物包装"—策划 —"包装事物"；"人物包装"—炒作 —"包装人物"。就其共有的经营、塑造的基本概念使我们感觉到，如此广泛的"包装"新解不仅不会使人对"包装"在概念和认识上产生干扰，反而使包装的价值显得更清晰、更明确，对包装的意义揭示得更深刻、更宽泛。包装含义的不断扩展，是时代的发展、社会的进步所产生的必然结果。

思考题：谈谈你对包装设计的认识。

1.2 包装的产生与发展

1.2.1 中国包装的产生与发展

　　中国是一个有着5000年悠久历史的国家，在历史发展的长河中，我们的祖先凭借智慧创造了很多奇迹，其中影响最大的是四大发明，它是我国成为世界文明古国的重要标志。如果我们分析一下，立即会发现在四大发明中有两件都与包装有关：第一，印刷术，即使在今天这样一个高科技的年代，如果不经印刷商家仍无法将设计方案显现在包装物上，可以毫不夸张地说，如果没有印刷包装，商品社会的历史将会重写，我们的商品世界也将不再那么五彩缤纷；第二，造纸术，古人发明造纸术只是为了找到更好的书写载体，但是在数个世纪后，"纸"这种材料不仅很好地完成了本来的使命，还成为商品经济最直观的载体，现在我们周围超过60%的产品依然被这种材料包裹着。所以，谈到包装文化还是要从中国说起。

　　包装出现以后，随着经济的发展逐渐经历了由简单到复杂、由低级到高级的过程。

　　1. 上古至商周时期的包装

　　人类的包装设计意识由来已久，可以追溯到远古时代。上古时候，人们利用天然的树叶、兽皮、泥土等材料盛储食物或物品。原始社会的人们在捕猎后，为了方便把猎物运到驻地，逐渐学会了用天然的藤蔓进行捆扎、包裹。浙江省余姚市河姆渡遗址(距今约7000年)出土的苇编，长22厘米、宽16厘米，这是一件难得的实物例证，它让我们见到了祖先最早使用的包裹材料。随着生产力的提高，人们又发明了枝条编织筐、篮等用具以便储物。浙江省湖州市钱山漾遗址(距今约4400年)出土的丝织品，正是被装在竹筐中。再后来人们掌握了缝制、纺织技术，包装中最重要的一种形式——袋囊包装开始被广泛使用。

　　陶器产生于新石器时代，它是人类手工制作的最早的包装容器类型之一。首先，从使用功能上它可以贮存液体，如酒、水或固体食物米、面等。其次，在装饰功能上陶器外部多绘有彩色纹饰，这些纹饰既可以标明盛装物，又能唤起人们对美好生活的向往。这些与现代包装的概念非常近似了。20世纪50年代，陕西省西安市半坡遗址(距今约5000年)出土的新石器时代仰韶文化的"鱼纹彩陶盆"，是早期人造盛储类器物的典型代表。此外，在出土的大量陶器表面有很多绳子和其他编织物留下的印纹，这说明那时的人们已经熟练掌握了将绳技巧和各类筐篮的编制和纺织技术用于包装物品上。

"鱼纹彩陶盆"，是早期人造盛储类器物的典型代表

青铜时代的到来，意味着人类生活走进了一个新的发展阶段。中国的青铜器皿，以其优美的造型、精美的纹饰、威严的气势被称颂于世界工艺美术史之中。商周时期手工业极为发达，特别是青铜铸造技术已到了炉火纯青的地步，因此这一时期也被称为青铜时代。铸造技术的成熟促使产量和器型极大地丰富起来，青铜铸造的卣、罍、盂等都成为贵族使用的盛储容器，表面纹饰也由陶器时代的彩绘变为铸造。但是，因为青铜器制作成本太高且后来多作为礼器，所以从包装角度讲它的意义被大大削弱了。

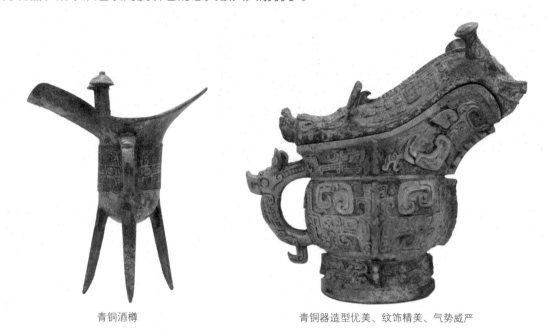

青铜酒樽　　　　　　　　　　　　青铜器造型优美、纹饰精美、气势威严

纺织技术在这一时期也开始成熟起来，特别是丝绸制品。它凭借华丽、光柔、高贵的特点而被作为礼品或重要物品的包裹物广泛应用于重要场合，如晋见国君、诸侯结盟等。《禹贡》中就有"厥篚织贝"的记载。丝绸作为包裹物也被大量应用于贵族的墓葬中，如河南安阳殷墟出土的铜觯、铜钺，以及青玉戈上都留有明显的丝织物印痕。

2. 战国至隋唐时期的包装

告别青铜时代，我国进入了封建社会——战国、秦汉时期。这是一个大变革的时代，新的思想、观念不断涌现，新的技术不断被发明创造，新的封建经济模式开始蓬勃发展。这些共同推动了包装的发展，最典型的代表就是漆器出现了。由于漆器具有比青铜器、陶器更优越的实用和审美价值，所以当时的使用范围非常广泛，从百姓日常用品到皇家贵族用品都在使用。1976年，湖北省云梦县睡虎地秦朝墓中发现了大量漆器，在其中的一些盛储器底部出现有"咸亭""许市""中乡"等标有产地的文字，说明漆器已经开始具有传达产地信息的功能了。湖北省长沙市马王堆汉墓出土的"丝绸包双层九子漆奁"详尽展示了漆奁的包装形式，它胎体更为精薄，为防盒口破裂，多以金、银片镶沿，这样既增加了强度，又显得富丽奢华，是难得一见的古代包装精品。

漆器之外由多种植物枝条编制的包装品和丝绸、布匹包装品继续发展，如马王堆汉墓出土的用于盛装丝织品、食物、药材的竹筒等。

这一时期随着封建制度的巩固、完善，社会财富大量积聚起来，包装也因此开始变得华丽，很多贵重物品的包装已不仅仅局限于保护物品安全，而是逐渐向审美功能发展。例如，现存于荆州博物馆的战国猪形漆器便携酒具盒，盒身为双首连体猪形，四足蹲伏，两端的把手呈猪嘴状，装饰图案遍布盒身，布局对称，优美华丽，其设计是装饰与实用功能的完美结合。

战国猪形漆器便携酒具盒

战国猪型漆器便携酒具盒盒身装饰图案平面图

公元581年，隋文帝杨坚建立隋朝，并于589年统一中国。公元618年，李渊父子起兵建立了唐朝。唐朝是我国封建社会最为强大的王朝，也是当时世界上最富庶的国家之一，其对外贸易十分繁荣、发达，这就为包装的发展提供了机遇。

唐代的包装材料种类繁多，根据物品不同而区别使用。首先，宗教物品包装。佛教于汉代传入我国，发展到唐代开始走向鼎盛，伴随佛教的兴盛开始出现大量如佛像、法器、经文等贵重的佛事用品。这些物品因为珍贵所以包装都极为考究，往往追求极致的工艺，使用最名贵的材料，装饰风格庄严、华贵且略带神秘感，体现出当时最高水平的包装工艺。典型的例子是陕西省宝鸡市法门寺地宫出土的佛祖释迦牟尼舍利的包装，因为舍利是佛教界的最高圣物，所以包装极为复杂。包装时在舍利之外用纯金、银制作的宝函套装多达七重，每层宝匣饰以观音和极乐世界等图案来诠释宗教含义，整件包装极其华丽、神圣。其次，皇室贵族使用物品的包装。唐代丝织业十分发达，是对外贸易的主要物品，著名的"丝绸之路"就是因此得名。丝织品凭其华丽、柔软的材料特性成为贵族使用最广泛的包装材料，这类包装实物在"丝绸之路"上干燥的新疆地区多有发现。金银器也是唐代贵族喜爱的包装材料,其制作工艺精巧、手法多样、纹饰别致且受西域影响很大。典型代表是1970年在西安南郊何家村出土的唐代窖藏文物中的一件盛酒银器"舞马衔杯提梁壶",这是一件模仿皮囊壶制成的银酒壶,壶体两边各有一匹突起于表面的马,马身涂金,颈系飘带,口衔一杯,悠然起舞。它既满足了包装的盛储功能,又表现了极高的审美价值,是不可多得的唐代包装实物。再次,社会生活中已经普遍使用纸作为中药、茶叶、点心等的包装。新疆阿斯塔纳唐墓出土的中医药丸"萋蕤丸",即用白麻纸包裹,纸上甚至写有"每空腹服十五丸食后眠"字样。

舞马衔杯纹银壶

在这一时期,仍有一部分漆器作为包装物,如妆奁、漆杯等,不仅造型完美、装饰生动,而且工艺上也有了很大突破。唐三彩陶瓷器的应用也极为广泛,如唐三彩双鱼瓶,双脊间有穿系小孔,便于系绳,既实用又美观,反映了晚唐制瓷工匠在设计上的高超造诣。

纵观战国至隋唐时期的包装,随着社会经济的发展,包装的使用范围越来越广,使用的材料也越来越丰富,特别是商业兴起后包装的重要性开始显现出来。

3. 宋代的包装

宋朝在农业发展的基础上,手工业生产也有了显著的进步,都市商业活动和农村集市贸易较前代有所发展。手工艺水平的提高导致宋代海外贸易有了较大的发展,当时商船已能通航到大食、日本、高句丽及南洋诸国,瓷器、漆器、丝织品等已成为重要的出口商品,这些共同促进了包装及容器的发展。

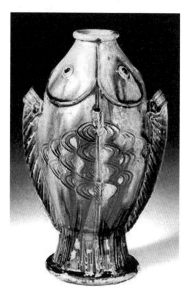

晚唐时期唐三彩双鱼瓶

在宋朝,纸质包装使用范围越来越广,而且多印有厂家名号、产品特性广告语等,典型代表是现藏于上海博物馆的北宋"济南刘家功夫针铺"印刷包装纸,其上印有一只白兔及"收买上等钢条,造功夫细针"等宣传语,它的设计集字号、插图、广告语于一身,已经具备了与现代包装相同的创作观念,是我国至今发现的最早的具有营销意识的纸质包装。

北宋时期制瓷业高度发展,产生了以五大名窑为代表、大量民间窑为基础的庞大产业,其制作工艺水平不仅大大超越前代,而且生产数量成倍增长,以致到今天宋瓷窑址大约占了中国古瓷窑址的四分之一。瓷器的大量生产必然促进瓷器包装运输的进步。北宋《萍洲可谈》中明确提出瓷器包装要"大小相套,无少隙地"的包装方法。

漆器在宋代仍为女性梳妆用品包装的首选，其制作工艺复杂，器型变化丰富，具有极高的艺术价值。

北宋"济南刘家功夫针铺"包装纸

宋代"影青瓷酒注及温碗"

4. 元代的包装

元代是继隋朝后我国又一个大一统的时代。元朝由忽必烈建立，其文化始终带有浓郁的民族特色。这一时期的包装也不例外，最典型的例子是在中原农耕文化背景下酒多用坛子装盛，而草原牧民却用一种名为"浑脱"的皮囊包装。究其原因，蒙古族是在马背上成长起来的民族，为了放牧需要他们不断迁徙，皮囊包装在迁徙途中不易损坏且易于携带。据记载，元朝军队每骑必携皮囊盛装军需或给养，渡河之时，囊系马尾，人在囊上。这一习惯后来被带到中原，在宫廷中皮囊包装也被广泛使用。

元代是青花瓷器高度发展的时代，如1956年在湖南省常德市出土的元朝"青花人物故事玉壶春瓶"，高30cm，口径8.4cm，工艺精湛。但这一时期的瓷器多被用作工艺品，作为包装容器使用得越来越少。

漆器作为包装材料在元代仍有较大发展，出现了如张成、杨茂、张敏德等雕漆名家。安徽省博物馆藏有一件张成制造的"剔犀云纹漆盒"，盒盖及盒底的周缘均雕云纹两组，堆漆肥厚，刻工圆润，刀口深达1厘米，漆面莹滑照人，风格古朴敦厚。

元朝"青花人物故事玉壶春瓶"

5. 明代的包装

明代经济继续发展，生产力较前代有了大幅度提高，商品种类更加丰富。明代包装在材料上仍沿用前代的材料，并没有很大突破，但在制作工艺上更为精致。

在明代沈德符的《敝帚轩剩语》一书中有一段关于包装瓷器的记载，包装时"每一器内纳沙土及豆麦少许，叠数十个辄牢缚成一片，置之湿地，频洒以水，久之豆麦生芽，缠绕胶固，试投牢硌之地，不损破者始以登车"，从中我们可以看到当时包装的精致程度。

漆器在明代发展到了全盛时期，不仅官府设厂生产，而且民间也有大量作坊。明中后期还出现了中国最早的一部关于漆器制作技法的书籍《髹饰录》。20世纪50年代末，明十三陵定陵考古挖掘出土了大量作为包装的漆器，其制作水平、精美程度都令人叹为观止。

明代绢本设色"货郎图"，图中货郎货架上挂满了商品，可以清晰看见商品的包装

明代"剔红花鸟纹长方盒"，做工精细、色彩鲜红，既实用又能观赏

6. 清代的包装

清代中期以前包装依然沿袭使用传统材料和形式，1840年，鸦片战争后中国的大门被逐渐打开，很多沿海城市被辟为殖民地，西方工业产品开始大量进入中国，这些产品的包装对中国传统包装产生了巨大影响。最早开始在中国出现的一批洋包装有火柴(洋火)、香烟(洋

烟)、油(洋油)、蜡烛(洋蜡)、化妆品、食品等。例如,从19世纪中期开始火柴传入中国,火柴包装盒的设计既要求满足盛装火柴的基本功能,又要求包装表面还要有一块可帮助火柴擦燃的部分,同时还要有设计精美的标签。这与传统包装设计区别很大,但很利于促进销售,所以很多本土商品也开始借鉴这些包装的理念进行创新设计,此时的包装多绘有花纹、人物等通俗易懂的内容,以美化产品为主要功能。

清代匠籍制度的废除极大地促进了手工业的发展,受益最大的是纺织业,这一时期的纺织品不仅质量有所提高,而且数量和品种也不断增多,其中很多都成为包装材料。

清代宫廷的包装做工精细,材质豪华。例如,现存的清代宫廷茶叶包装,不同产地、不同种类的茶叶包装形式也各有不同。从包装这个角度再来审视清宫的茶,又是别有一番趣味。在清宫茶器中,已有类似"广告"性质的标签,对茶叶的功效进行了描述与宣传。

清代大凸花茶

清代陪茶

永利威五加皮酒

清代银针茶

清代紫檀雕包袱盒

清代竹根雕芒果形御制诗文盒

清代普洱茶膏

清代红布茶壶套具

清代民间包装既古朴又巧妙,反映了普通民众的包装智慧。

清代成捆扎的木勺

清代草绳包装的腌菜坛

天津出土的防伪酒坛盖

7. 民国时期的设计与包装

民国时期，在受西方影响和民族工业大规模发展的背景下，中国包装迎来了一次发展高潮。在社会生活的各个领域几乎都有设计精美的包装出现，特别是化妆品、酒、饮料、烟草、文具等领域更是盛况空前。这一时期也涌现出一批知名的设计工作室和事务所，如陈之佛于1923年开办的"尚美图案馆"；李毅士于1925年创办的"上海美术供应社"；潘思同、陈秋草等人于1928年开办的"白鹅画会"等。

当"design"一词出现在中国艺术界时，人们马上以"图案"一词对应。不过在当时，设计其实更多的是被作为美术意匠的体现。

鲁迅是大家熟知的伟大的文学家，其实他还是一位优秀的设计师，他设计的北京大学校徽至今仍在使用，他引领和帮助了新一代的设计师，对近代中国的设计界有极大的影响力。北大校徽是鲁迅早期的作品，完成于1917年。该标志采用了"北大"二字的篆书，但鲁迅巧妙地将"北"与

陈之佛设计的图案

"大"的字体进行了些许变化，使得两个字的造型元素几乎一致。"北大"两字的形态有如一人背负二人，构成了"三人为众"的意象，也有"脊梁"的象征意义，鲁迅借此希望北京大学毕业生成为国家民主与进步的脊梁。

这只猫头鹰图形是鲁迅的经典之作，细看会发现这只活泼灵动的猫头鹰的双眼被画成了一对男女的头，这种正负形的使用已很接近现代设计方法。

1919年以后，由于新文化运动和"五四"运动的促进作用，中国人民的民族和爱国意识开始觉醒，并开始了对洋货的抵制。例如，"海盗牌"香烟，是19世纪末最早传入中国的舶来品之一。英美烟草公司意识到中国民众对"海盗"的排斥情绪，于是马上采取措施进行大幅修改，烟标改为"老刀牌"，船上的火炮改成铁箱，人物也做了"整容"，原海盗手中的大刀也改成了古代的老刀。修改后的"老刀牌"烟标寓意着这位手持古代老刀的商人乘船来到中国，目的是推销世界上最好的香烟。经过一番修改后的"老刀牌"烟标总算被中国人所接受，从此该香烟品牌在中国经销长达数十年之久。中华人民共和国成立后，该品牌更名为"劳动"牌。这一小小的烟标变化过程，反映了中国人民的觉醒和抗争，也伴随了中国由半殖民地半封建社会发展为民族独立的国家。

鲁迅设计的北大校徽　　　　猫头鹰图形

老刀牌香烟烟标

在近代《申报》上登载的固本牙膏广告中，我们发现牙膏的包装设计与当时美国的高露洁牙膏包装很相似，这说明当时中国的包装设计受西方的影响之大可见一斑。

固本牙膏广告，包装与高露洁牙膏相似

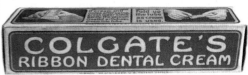

高露洁牙膏老包装(美国，1908年)

1932年，宋棐卿在天津成立东亚毛呢纺织股份有限公司。讨论注册商标时有人提议，当时英国的"蜜蜂"牌和日本的"麻雀"牌纺织品充斥国内市场，要坚决抵制洋货，就用"抵洋"这个商标吧。宋棐卿采纳了这个建议，但他认为公开抵制洋货会引起事端，于是将"洋"改为"羊"，一字之差，一语双关。他又命人借来两只羊，让两羊相抵，最终产生了这个极富想象力的商标标签。这也从另一侧面说明了中国人的商标品牌意识正在增强。

抵羊商标标签

8. 中华人民共和国成立后的包装与设计

中华人民共和国成立初期，出于对传统文化的继承发展，我国的艺术设计思想定位于"工艺美术"，如1953年烧制的建国瓷，在今天看来其艺术和工艺都达到了难以逾越的高度。瓷器的造型以清宫廷使用的"万寿无疆"餐具为蓝本重新设计，几番易稿后确定了祝大年设计的串枝牡丹斗彩中餐具、海棠纹青花西餐具各一套。设计上不仅仅囿于陶瓷，而是吸取了染织、青铜器、漆器、敦煌图案等非陶瓷的艺术特色，同时在风格上摆脱了传统宫廷陶

1953年烧制的建国瓷

瓷的繁缛，体现了简约理性的现代精神。这种技术及技艺上的"接管"与"革新"体现出我国对传统文化的重视，以及希望将皇家贵族的东西服务于人民群众生活的理念。

　　然而，长期以来，我国包括包装在内的艺术设计与世界现代设计拉开了距离，对包装的要求趋于简单化，往往仅仅满足了保护产品的基本功能。

家家必备的搪瓷缸　　　　　　　　　　　　20世纪50年代的文具包装

　　包装设计的转折点出现在1975年，邓小平同志在《关于发展工业的几点意见》中谈到"出口商品的包装问题"，从此正式开启了我国现代化包装的帷幕。1980年成立的中国包装技术协会，成员为政府各有关部门的领导、全国从事包装生产的企业代表、从事包装科研教学工作的专业人员；1981年，中国包装总公司成立。1987年，我国第一次有两项包装荣获世界包装设计最高奖——"世界之星"，这些都极大地推动了我国包装业的发展。但总的来说，改革开放之初我们的包装设计水平还很低，以出口包装为例，从20世纪70年代我国的出口快速增长，但根据中国包装行业的统计，当时因为包装粗糙和包装质量差导致在流通环节中的损失每年都超过100亿元人民币。

火柴盒包装

出口包装　　　　　　　　　　　贵州茅台酒老包装

几十年前，人们购物一般都是用菜篮子、尼龙网兜、布袋子等，用完后洗洗刷刷，仍可循环使用。那时候塑料袋在国内还是罕见之物，在展会之类的场合如果有发放用塑料袋装的资料，定会引起人们疯抢。谁会想到今天的"限塑令"会使那些曾经不如塑料袋"洋气"的布手提袋重新成为时尚购物的新宠呢？菜篮子与尼龙网兜是20世纪六七十年代家家必备的，当年的尼龙网兜是用梭子绕上线，一个孔、一个孔地结下去，因为每行都比上一行的孔多，所以网会越编越大。使用时，尼龙网兜的网眼可紧可松、容积可大可小，不用时卷起来放在提包和口袋里，比起菜篮子更方便携带。尼龙网兜很便宜，几乎是人们出门购物和走亲戚、出公差必备的东西。大的网兜可用来捆扎行李、被褥衣物等，小的网兜可以盛放日用杂物。太小的物品，网眼兜不住，像瓜子、豆子之类的，则可用纸将其包好放进网兜，一样可以使用。

菜篮子

尼龙网兜

就设计观念而言，当时大部分人还只是把设计当作"美化""装饰"生活的手段来运用。包装设计只是在文字旁加些图案、花边、线条等用以装饰一下画面，设计师也经常被客户要求在包装上多加些"美术"。包装上的主要文字也只是产品名字，而非品牌名称，如"糖水杨梅"罐头只是产品名字。那时，人们的品牌意识还很淡薄、现代设计理念还未形成，如"体育奶糖"，"体育"这种泛泛的名词很难使人形成独特的品牌印象。

"糖水杨梅"罐头

"体育"奶糖

1972年，周恩来总理将"大白兔"奶糖作为礼品赠送给美国总统尼克松，让这颗小小糖果名扬海外。"大白兔"奶糖包装纸的设计者王纯言是爱民糖果厂的第一位美术设计师。此后，"大白兔"产品不断变换花样、新旧更替、改头换面，作为奶糖品牌延续至今，品牌也深入人心。这说明了一个道理：有品牌的产品生命力才会更长久，才能穿越时空、历久弥新；好的产品与品牌的成功相辅相成。

大白兔牌奶糖

在充斥着玻璃瓶装汽水的20世纪80年代，铝质易拉罐的出现着实改变了中国人对罐装饮料的看法。易拉罐在顶部设计了易拉环，是一次开启方式的革命。易拉罐在当时是很时髦的东西，轻便、不易破碎，拉环的设计也大大方便了使用者。人们对这种随开随喝的罐装饮料包装喜爱有加，觉得很高级，节俭惯了的中国人即便喝完饮料之后也不舍得把罐子扔掉，很多人还将用后的易拉罐洗干净，制作成手工艺品摆放在居室中。

易拉罐

进入20世纪90年代中期，习惯了走到哪都端着茶杯的中国人，逐渐开始接受市场上两三元钱一瓶的瓶装饮用水，在此之前，人们愿意花钱购买的饮品仅限于饮料和酒水。人们对瓶装水的需求动力来自于觉得方便、比自来水安全，以及适饮度或味道胜过白开水。在销售上，商家的广告更加促进了这一认知，让消费者感觉"花钱买水喝"物有所值，如乐百氏强调的"27层净化"、农夫山泉深入人心的"有点甜"等口号。此外，由于市场竞争激烈，瓶装水厂商也在包装设计上投入了更多心思，以此吸引消费者。虽然面临着桶装水、路边自助售水机的冲击，瓶装水依旧凭借其独有的便利、卫生等特点在市场上占据优势。随着消费水平的提高，人们不再认为瓶装水的价值在于一个可以随身携带的瓶子，而是越发在意瓶子里的水质，现在各瓶装水的生产厂商，在广告中越来越多地强调自己的产品来自于独家开发的山泉。

2008年大卖的"胖兔子粥粥"是我国第一款强调设计感的环保袋，袋子上印的"俺环保，俺快乐"一时间成了都市青年的流行口号。随着2008年6月1日我国启动"限塑令"，消费者购物时背起了环保袋，书

我国首款环保袋"胖兔子粥粥"

店又用绳子捆书了，糕点铺重新拿油纸包装点心了……城市里少了许多满天飞的"白色污染"。无纺布、帆布、麻布等材质的环保购物袋成为消费者购物时的必备物品。由于不能再免费提供塑料袋，包装袋应用最广泛的各商家纷纷推出自家的环保袋，一般为单层，有的则加有隔层；有些环保袋外面是布料，里面是编织物，可用来盛装水产和各种低温食品，有保温隔热的功能。

时尚品牌NOMe环保袋

20世纪中期，手绘图案形象普遍被用在包装中，包装画面是常用的装饰手法。后来，摄影作品也被广泛应用在包装中。

下面是20世纪七八十年代经典的老包装，有些早已成为美好的回忆，有些却能够流传至今。例如，下面有五款包装都由可爱的儿童形象作为主要画面，当时只是起装饰的作用，用现代的观点来看可以说是商品代言人。这样的包装设计手法是那时常用的，但为什么至今只有"郁美净"等极少数品牌留存下来，成为知名产品？其中重要的一点因素是"郁美净"的这个儿童照片形象被品牌化了，企业将人物形象图形化并与文字一起构成新的品牌视觉形象元素。

手绘儿童形象是包装中常用的手法

郁美净儿童霜老包装上的儿童照片被图形化为新的品牌形象

至今还可见到的
龙虎清凉油包装盒

万紫千红润肤脂包装盒，
至今还可见到

以照片形象为包装画面的
芳芳小儿爽身粉

以儿童形象作为装饰的
糖果包装铁盒

再如，"北京饼干""天津麦乳精"包装罐也是20世纪七八十年代家家户户常见的零食，在产品前冠以地名是当时常见的设计手法。不过，如今这些以城市名作为商标的品牌早已不见踪影，因为后来《中华人民共和国商标法》明确规定，地名不得作为商标使用，意味着

它们不能合法地进行品牌化。

天津麦乳精铁罐包装

北京饼干铁盒包装

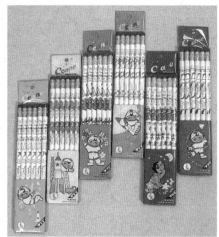

橡皮头铅笔手绘包装

　　我们真正认识现代艺术设计是在20世纪80年代改革开放之初，这一时期我国的艺术设计领域也处于学习、模仿与吸收阶段。

　　中国的设计师最先接触到的是日本的设计。那时，中日两国各方面的交流增多，大批中国人去日本进修、留学，也带回了先进的设计理念。随着日本的各类商品进入我国，我们也接触到了大量的日本包装。日本在设计领域吸取西方理念，既先进又成熟，其民族风格独特且强烈，精致严谨，条理清晰。龟仓雄策、福田繁雄都是世界级的视觉艺术大师，其设计作品影响深远。可是日本的艺术设计过于理性化，严谨的结构分析和运用，特别是国际化理念与日本传统民族文化嫁接后，其设计呈现的日本民族风格极其独特且个性太过强烈，这些都令中国这些刚刚学步的艺术设计工作者们有些消化不良。

　　20世纪90年代，随着中国改革开放的深入，港台地区的艺术设计更多地进入内地，靳埭强、林磐耸等人成为我们熟知

20世纪80年代初日本的包装设计

传统日本酒包装风格

的艺术设计师。由于文化的同根同源，他们的作品让我们倍感亲切，学习、理解起来也更加顺畅，设计师们逐渐找到了视觉设计的发展方向。添加中国元素也是那些年许多设计师热衷的创作手法。

有中国元素的西饼店包装
设计：陈幼坚(中国香港)

充满中国传统元素的包装
设计：林宏泽(中国台湾)

20世纪末的10年，随着留学欧洲热潮的兴起，西方艺术设计大范围引进国内，我们仿佛发现了一片"新大陆"。西方设计文化的深度和广度令人目不暇接。但是，跨文化传播是要有语境的，在这里可理解为形成共通的意义空间。当不同文化接触时，相似文化语境下的绝大多数传播往往通过不言而喻即可实现，而不同文化语境下的传播却需要花费时间精力进行明确详尽的表达。如果没有共通的意义空间，就会造成传播过程的偏差、误解，从而产生传播隔阂，造成跨文化传播的阻碍。

在包装设计领域方面，改革开放之初，无论何种包装、无论内销还是外销都要加上"英文"，其实大多都是汉语拼音，在这里，英文字母失去了其传达信息的意义，沦为一种装饰，有些包装甚至还要把它作为主视觉元素，中文反而很小且有意让人找不到。人们认为这样就是国际化，与世界接轨，并乐于标榜自己的商品是进口或合资的产品。

包装上巧克力拼音字母大且醒目

为了摆脱设计的不自信，20世纪90年代末，设计界开始强调创意的重要性，于是各种创意遍地开花，包装设计师也不再固守某种风格定式，尽情发挥着个人潜在的创造力。

由中国包装联合会设计委员会组织评选的全国设计大赛"中国之星"，并从20世纪90年代开始出版《中国设计年鉴》(1980—1995)，反映了当时我国包装设计的基本状况、风格特点，代表了包装设计的发展趋势和最高水平。年鉴中收录了中国内地及港台地区设计师的作品。从中可看到，内地包装设计在运用中国传统文化元素方面存在不足，无论是材料运用、包装结构，还是意境营造等，手段都比较单一，许多包装还显得很简陋。

浏阳豆豉包装
设计：罗斯旦

中秋月饼包装
设计：尹绘泽

鱼皮花生包装
设计：陈明

汾酒包装
设计：刘维亚

乐凯胶卷包装
设计：李晓强

华旗鲜榨汁包装
设计：吕建成

中国茶系列包装
设计：陈颖娟

英记茶庄包装
设计：蔡启仁(中国香港)

水晶牌挂镜包装
设计：马廷才

双妹化妆品包装
设计：靳埭强(中国香港)

大白兔奶糖系列包装
设计：王纯言

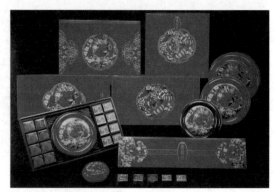

元祖喜时锦喜饼礼盒包装
设计：郑志浩(中国台湾)

孔府小菜包装
设计：宋昌华

苏杭茶食包装
设计：李淑君(中国台湾)

20世纪末至21世纪初，许多当时的知名商品和品牌现今早已不复存在。而有些包装则由于其设计新颖，创意独特，已经成为包装设计教科书式的经典案例。

例如，设计大师石汉瑞在1979年设计的淘化大同公司花生油铁皮桶包装，主画面的图形和汉字信息巧妙结合，形象地传达了商品的特点，视觉识别性大大增强，同时也增添了画面的趣味性。

淘化大同公司铁皮桶花生油包装设计

再如，对于"百年老店"屈臣氏而言，它的蒸馏水一直占据市场份额的头把交椅。20世纪90年代，中国香港地区的市场中出现10多个品牌的瓶装水，屈臣氏的份额开始下降。为了挽回市场，屈臣氏大胆地推出了全新瓶形设计，随后蒸馏水的销售额开始回升。屈臣氏把这项设计列入其发展历史大事之一，这项设计也为瓶装水市场"写下新的一页"。设计师刘小康说，这个瓶装设计的灵感源于人体，"瓶身有一个人体的感觉，一个人体的线条。一个人的线条，全世界都会接受的。"瓶子腰身的几处凹陷设计，让饮水人的手指可以握在比较舒服的地方。而设计独特的瓶盖，一方面它是完整的人体线条的一部分，另一方面它还代表着历史的记忆与传承。"这个瓶盖是个杯子，因为小时候我们的父母都用这种杯子(喝水)"。在刘小康看来，通过矿泉水瓶的艺术造型，商家不仅仅是在卖水，更是售卖一种

屈臣氏蒸馏水瓶形设计

生活形态，因此这个瓶装设计2002年一经推出，就得到市场的热烈反响。屈臣氏蒸馏水的瓶子现在已经成了瓶装水的经典设计，瓶形一直沿用至今。

很多药品的包装几十年甚至更长的时间都没有变过。药品包装不同于其他时尚类商品，尤其是传统老牌子药品，包装就是品质的保证。例如，这款京都念慈菴蜜炼川贝枇杷膏的包装古色古香，几乎家喻户晓。

京都念慈菴蜜炼川贝枇杷膏包装侧面排版风格

京都念慈菴蜜炼川贝枇杷膏包装

对于化妆品等时尚类商品来说，传统老包装的推陈出新、继承与发展永远是包装设计的重要课题。有些包装基本延续了老包装的设计风格；有些则进行老包装的改造，推陈出新。下面这组对于老包装的设计改造，新包装既保留了老包装的传统韵味，能唤起人们的情怀，又具有现代气息。

广生行双妹花露水老包装　　　新包装能唤起情怀　　　玫瑰露酒老标签　　改造后的玫瑰露酒新标签

传统老包装的推陈出新可以有多种形式，有的包装则注入时尚元素，进行时尚改造，引领时尚潮流。例如，包装随着书写工具的转变而转变，由过去的墨水和钢笔到现在一次性书写笔，其包装也在变化。意索墨水瓶造型既有怀旧感又有现代时尚气息，已作为高端书写工具的文化创意品牌呈现。

包装随着书写工具的转变而转变　　　　　意索品牌墨水瓶造型

进入21世纪，我国加入了世界贸易组织，加快了融入国际大市场的进程。这对于我们的包装设计来说既是机遇又是挑战，可喜的是，目前在很多方面我们已经接近了世界先进水平。虽然还有很多问题尚待解决，但包装设计将迎来一个大发展时期却是不争的事实。

新的包装材料和工艺的出现不仅使食品的保存期更长、更卫生安全，而且食用更方便，也使包装的形式不断更新。例如，铝塑复合、铝箔材料等，铝箔真空、充氮或脱氧剂处理等。

古老的风干保存肉类方式

传统马口铁罐头包装方式

现代铝箔真空包装

　　农夫山泉瓶装水1996年至今的瓶形标签设计几经变化。近年来农夫山泉根据不同目标市场推出多种设计，如维他命水采用胶囊瓶形，这款由英国设计工作室Horse设计的农夫山泉高端矿泉水包装中，使用了东北虎、梅花鹿、鹤、松树等图案，充满传统中国艺术色彩，与农夫山泉标榜的"来自长白山的天然好水"概念吻合。该设计获得了一系列国际奖项。

农夫山泉(1996年)

新包装(2010年
至今)

农夫山泉维他命水
采用胶囊瓶形

农夫山泉高端矿泉水包装

　　还有一些经典的老包装至今还在使用，有些是一直延续老包装的设计风格，有些则在老包装的基础上进行了改造。

长城牌火腿猪肉罐头包装
一直沿用了四十多年

恒大香烟新包装(左)基本延续了老包装(右)的风格，
但会以醒目位置注明吸烟有害健康的提示语

政府也会出台强制措施来规范包装设计。以香烟为例，现在的包装盒上"吸烟有害健康"的提示语要醒目地在主画面上标出，甚至要占画面的二分之一。以中国台湾地区的这款香烟为例，其包装设计甚至使用夸张的象征画面，把吸烟带来的危害表达得如此意味深长。

在艺术设计中是没有绝对的好与坏、审丑与审美的，只是人们看问题的角度不同罢了。认清这一点，我们就不应该盲目地追求或放弃某一风格、某一观念，认真分析身边的一切事物才是我们开辟视觉艺术新道路的途径。同样在包装设计领域，所谓主流设计理念和主流设计风格已不复存在，各种设计理念和表现风格呈现相互交融的态势，纷繁多样，不拘一格。包装设计作品的风格和样式降格到次要的地位，如何正确传达信息，发展创意，成为理解包装设计的根本所在。

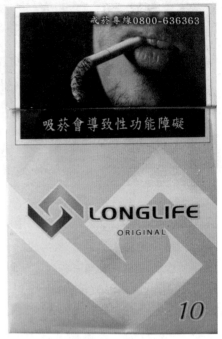

夸张象征的香烟包装

思考题：

1. 谈谈你对中华人民共和国成立初期至改革开放时期包装设计的认识。

2. 你对老品牌、老包装设计的推陈出新是如何看待的？

◆ 1.2.2 外国包装的产生与发展

1. 欧美近现代包装

1) 工业文明与包装

工业革命又称产业革命，在18世纪60年代从英国开始，19世纪席卷了整个欧洲，是一个由手工业生产进入机器工业生产的变革过程。在工业革命以前，欧美国家由于受生产力发展水平的制约，包装往往就是就地取材满足生活最基本的需要，包装设计也只是停留在无意识的状态下。随着生产力的不断扩大，资本主义商品经济的发展，尤其是18世纪后期工业革命的推进，机械化生产取代单纯的手工生产，促进了世界范围的贸易发展，一些发展较快的国家开始形成机器生产包装产品的行业。在这种形势下，工业设计(industrial design)应运而生，而包装设计则是其中的组成部分。

16世纪中叶，欧洲已普遍使用锥形软木塞密封商品、包装瓶口，我们现在饮用的香槟和葡萄酒很多都沿用了这种绳系瓶颈和软木塞封口的包装。1856年加软木垫的螺纹盖被发明了；1892年冲压密封的罐盖使密封技术更简捷可靠；19世纪初发明的用玻璃瓶、金属罐保存食品的方法，催发了食品罐头工业的诞生等。

马德拉葡萄酒的
柳编老包装

立顿品牌茶罐
(英国，1889—1910年)

彩绘茶罐重装饰无品牌
(荷兰，1716年)

　　现代商品包装的全面发展是从19世纪中叶英国工业革命以后开始的，并逐渐发展为商品包装产业，即从设计到材料、到机械、到生产各个环节紧密相连。

　　工业革命以后，以英、法、美为代表的近代资本主义国家生产力有了极大的提高，产品产量成倍增长。大量产品被生产出来后需要运输到很远的地方才能够销售，在运输过程中很多产品都因为缺乏保护而被损坏，于是以保护产品安全为目的的早期包装出现了。早期包装以保护商品为主要目的，装饰、美化、促销功能虽被注意到但并没有得到重视，因此这一时期包装从外观上看并无太大特点。

　　早期包装以运输为目的，多是大包装，运到销售网点后再零售给消费者，因此在零售时经常会出现因为销售商掺假而导致消费者到厂家投诉的现象。为了解决这个棘手的问题，一些厂商开始在出厂前就将产品分别装入印有品名、生产商名称和广告语的小包装中，于是厂家零售包装出现了。例如，1793年标签被广泛贴挂在酒瓶上，1817年英国药商行业规定对有毒物品的商品包装要有便于识别的印刷标签等。这种包装的出现彻底改变了传统的商业模式，它第一次把厂家与消费者的距离拉得如此之近，使厂家可以更加自如地应对消费者不断变化的需要，同时它也逐渐显现出包装设计水平对促进销售的重要性。

　　1850年，美国出现了用一整张纸通过裁减折叠成一个完整纸盒的工艺，这极大地降低了纸盒包装的制作成本，为这种材料在包装领域的广泛使用打下基础；1871年出现了纸板制作工艺，纸制容器得以大量生产。

　　19世纪50年代，随着印刷技术的改进彩色印刷开始快速发展，它极大地推动了包装设计，特别是很多高档商品的包装设计，如化妆品、酒类等的发展。19世纪末，欧美厂家零售包装开始逐渐普及，包装广告宣传的功能变得日益重要，此时消费者在商店所面对的已经是摆在货架上一排排包装精美的商品，视觉冲击力的大小成为左右消费者购物欲望的重要因素，包装成了产品无声的推销员。这一时期出现了很多设计精美的世界驰名品牌，如马爹利(Martell，1844年)和轩尼诗(Henness，1860年)等。药品包装设计却趋向简洁，多为单色印刷加上精致的标签，这种设计方式一直影响到现在的药品包装设计。

香烟包装，品牌名出现在商
品包装上(美国，1903年)

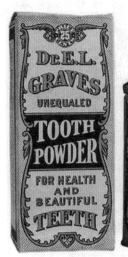

牙粉包装，品牌与商品名出现在包装上，
还有广告性质的文字

酒包装
(美国，1902年)

　　19世纪末20世纪初，包装对于生产商来说已变得非常重要，因为它可以直接影响消费者对品牌和产品的印象。通过对包装的设计可以建立一种独一无二的视觉符号，使消费者很容易将该产品与其他产品区分开，再通过始终如一的质量保证和坚持不懈的媒体宣传，逐渐在消费者心中建立起安全可靠、值得信赖的良好印象，进而对消费者产生巨大的购买号召力。

香皂包装(英国，1904年)

这些包装反映的商品经济特征已很明显

　　技术的进步也产生了影响至今的经典包装及容器设计。1810年，英国商人彼德·杜兰德获得了镀锡铁皮罐头的专利，即我们俗称的"马口铁"罐头。不过杜兰德发明马口铁罐头只是为了小规模地销售一些不超过30磅的肉类，并没有想到将其用于大规模的商业化生产。直到1846年，马口铁罐头得以普及，人们在开启时意识到不便，希望有一个能很快开罐的工具。1958年开罐器被发明，此后经过不断改进，出现了带齿轮的开罐器，一直沿用至今。

喷雾压力技术于1929年在挪威得以发明，1940年该技术应用在包装上，并在美国市场取得了成功。喷雾压力罐的原理是利用气压将内容物压出阀门，它可以将液体均匀地呈雾状喷洒出来，其方向和压力大小都很容易控制。它的优点在于人性化的设计，突出了使用上的便利性。

1940年，欧美开始发售用不锈钢罐装的啤酒；1963年，铝制易拉罐诞生，它的出现标志着制罐技术的飞跃。

带齿轮的开罐器

喷雾压力罐

金属罐

铝制易拉罐

美国"高露洁"牙膏是较早推出软管包装的牙膏品牌之一(1908年)，新的包装使其产品在使用时非常方便，鲜明的红底白字品牌名称格外醒目，总能让人一眼认出。时至今日虽然已历经百年，但是"高露洁"仍然是我们最喜爱的牙膏品牌之一。

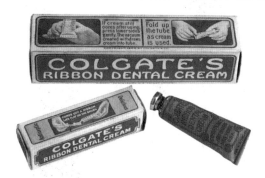
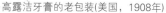
高露洁牙膏的老包装(美国，1908年)

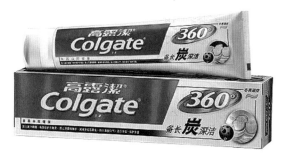
高露洁牙膏的新包装(中国，2018年)

2) 欧美现代主义包装设计

约从1890年开始，在欧洲和美国兴起了一场持续近20年，涉及建筑、家具、消费品等领域的新艺术运动。在德国它被称为"青年风格"，在意大利则被称为"自由风格"。

为了促进商品销售，包装问题引起了厂商的重视，从而认真研究包装设计，以求借助商品包装及广告媒体打开产品的营销市场，进而加强包装的功能，以提高商品的附加价值。1919年，德国的魏玛市建立了现代设计的教学单位——包豪斯设计学院，并提出了"艺术与技术统一"的口号，对于现代设计产生了深远影响。包豪斯标志着现代设计学科与艺术、传统工艺美术的剥离。包装改变了以往那种单纯贮存物品的静态特征，而作为销售性媒介，被赋予了新的使命。

茶壶造型为几何形组合，具有典型的包豪斯风格(1925年)

"二战"结束以后，瑞士的平面设计师在德国现代主义、荷兰风格派、俄国构成主义的基础上发展出一种新颖的、冷峻的、理性的设计风格——国际主义平面设计风格。它在20世纪50年代的超级市场出现，彻底改变传统的销售模式，对包装及容器造型设计实际产生了巨大的影响。这时的包装突出功能化，构图简洁，强调系统性，排斥过分装饰，很好地适应了销售方式的变革，加强了包装自身的广告宣传功能，为经济全球化下的产品包装设计打下基础。

20世纪60年代以后，新材料不断涌现、电子通信技术的发展、大众媒介的普及、消费信息的传播都大大刺激了设计的发展，相关艺术领域的发展对设计也产生了巨大影响。当时，盛极一时的未来主义宣扬现代科学之美，表现在狂热的对速度、光、动感艺术的追求。例如，欧普艺术与光学有关，其作品很多时候会利用光与观众的移动产生错觉与幻影，这些都对视觉传达设计领域产生极大影响。

简洁的药品包装盒(瑞士)

下面这个油漆桶包装设计，在画面表现元素上使用补色对比的简单图形重复排列，使人的视觉对颜色和形状产生无限反应，感觉到强烈的光感、韵律。在这个油漆包装罐组成的墙面前走动还会产生律动感。

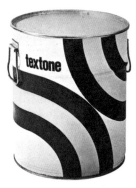

油漆包装罐(法国，1966年)　　　　　油漆包装罐的排列使人的视觉产生律动感

3) 欧美后现代主义多元化包装设计

　　20世纪60年代之后，一批艺术家深切感受到，现代艺术已走到了尽头，他们希望摆脱现代主义已经教条化了的原则。其中的典型是，瑞士平面设计师们对这种越来越显得墨守成规的风格教条感到厌倦，力图突破局限，这就是后现代主义的开始，它波及了艺术、建筑和设计等多个领域。

　　多元共存是后现代主义的重要观点，包装设计受它的影响面貌也为之大变，表现为从有序到无序，从单一到多元，从清晰到模糊，从确定到不确定，从明确到隐喻。此外，包装设计融入了历史主义、装饰主义、折中主义等倾向，向着更富有人情味、个性化的方向发展，以一种看似随意的方式对现代主义包装设计进行了反思，深刻反映了经济高速发展之后人们的审美心理变化。这一时期包装设计主张从传统中吸取元素，从不同文化中吸取元素，反对现代主义过于简洁的设计风格，主张追求风趣、幽默的感觉。因此，这一时期出现了很多怪诞不羁、风格奇特的包装设计，它们使用很多毫不相关的材料追求一种不确定性。图形、色彩和文字的编排方式也力求打破常规，表现出很强的诙谐感。从中我们不难看出，后现代主义包装设计实际上是一种更加大众化的设计，它不再人为地制造很多限制原则，而是以人的精神需要为设计根本，它宣扬不同文化的不同价值，将文化与精神价值融入包装设计中，使包装设计迎来了新的发展空间。

一对细长形　　　色彩亮丽、装饰性强的　　　好像在舞蹈的一对有趣的　　　不锈钢容器，设计借用了传
酒瓶(美国)　　　后现代风格的产品包装　　　章鱼产品造型(意大利)　　　统造型(意大利，1988年)

后现代主义包装设计不拘泥于传统，风格多样、表现形式各异，从高科技材料的包装到原生材料的包装，从民族味很浓的包装到国际化程度很高的包装，有时同一种商品就会存在几种不同风格的包装，只要有一小部分消费者认同就会被设计出来。后现代主义包装设计材料的选用范围很广，将很多以前没用过的材料都纳入使用范围，并且注重材料组合的多样性和丰富性，模糊材料的固有意义，以便产生强烈的对比效果。在色彩与图文的编排上，后现代主义包装设计显得更加无拘无束，亮丽的色彩组成视觉冲击力极强的效果与柔和颜色形成的淡雅素丽的效果并置。通过戏剧化的效果产生趣味，体现独创的审美价值。

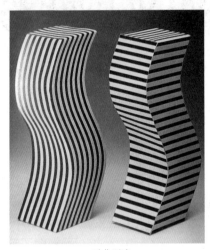 

一对曲形盒　　　　　　　　扭曲的酒瓶瓶形

后现代主义包装设计顺应了时代的潮流，极大地拓展了包装设计的意义，丰富了包装设计的表现手法，在更加人性化的氛围下实现了其自身的价值。

后现代主义建筑设计的结构和外观都有了较大的突破，解构了传统建筑的构成方法和材料组合。包装结构也受此影响突破以往立方体或圆柱体的基本模式，将结构元素进行重组，在不确定中给人以全新的视觉感受。例如，后现代主义设计的特征之一为扭曲变形，其对各设计领域的扭曲变形进行探索，且已不把扭曲变形作为创作目的，而是作为技术手段来表达艺术观念。

后现代产品设计(芬兰，1988年)　　可弯曲的手机折叠屏　　　变形的酒杯　　　变形扭曲的大楼

有关扭曲变形的探索对于视觉设计创意领域的影响更是巨大的，当今的数码图像、电脑技术的普及更使设计的扭曲变形达到随心所欲的地步。不仅在平面设计中，在工业设计中、在建筑领域，这种扭曲变形的手段也时常应用。例如，"玛丽莲"椅子，就是后现代设计的形式——弯曲变形的椅背。

4) 经典的包装设计穿越时空

经过时代的变革与洗礼，一些早期的包装已开始过时，但厂家通过多年的宣传培养已经使产品包装深入人心，为了既能跟上时代又能维护已有品牌形象，一些厂家选择了比较聪明的方法，即在不破坏整体形象的前提下从细节上逐渐调整包装画面效果。这是包装设计的一个重大突破，因为它解决了传统品牌形象如何既保持传统形象，又不断适应市场审美变化的问题。在包装设计的发展过程中，有许多令人难以忘记的包装，它们以其长久的生命力、科学性、审美性，成为包装设计发展史上的一个个闪亮的设计经典，如果我们将百年前的包装和今天的包装放在一起比较，就会发现所有的改动都在细节上，但大的品牌形象却几乎没有变化。

有着曲线靠背的
"玛丽莲"椅子(1972年)

(1) HEINZ食品包装。1860年，年仅16岁的恩里·海因兹就开始从事包装贩卖业。他把在美国宾夕法尼亚州的自家院子里种植的芥末料装在玻璃瓶中进行销售。到了1886年，以他自己名字命名的品牌HEINZ西红柿酱就已经越过了大西洋，开始在英国伦敦销售。自从1880年HEINZ最初的包装标签开始使用以来，直到今天包装上一直保持着最初的图形图案，其食品包装标记和基本版面设计与商品本身一道成为HEINZ公司的形象，并成为知名的品牌，为世界各地的家庭所熟知。

HEINZ酱料的经典老包装

HEINZ番茄汁包装获得全球包装设计大赛金奖

(2) TOBLERONE巧克力包装。TOBLERONE是一个世界知名的巧克力品牌，它诞生在一个瑞士糕点制作世家，其商标设计非常有名，但独具特色的是它的巧克力包装盒——三角形包装盒，这个形状的灵感源自瑞士雪山山顶。TOBLERONE的包装设计从1908年开始到现在一直没有太大的改变，只是随着新产品的增加，对底色略加调整以示区别。

至今沿用的三角经典包装

TOBLERONE坚果巧克力包装(2018年)

(3) LUCKY STRIKE香烟包装。如果说德国人对于设计的最大贡献是建立了现代设计理论和教育体系，并进行了大量的试验，把社会利益当作设计教育和本身的目的，那么美国近现代设计的最大贡献就是发展了工业设计，并把它职业化、商业化。美国设计师、美国工业设计师雷蒙德·罗维，他改造设计的LUCKY STRIKE香烟包装直到现在仍畅销不衰。长久以来，LUCKY STRIKE香烟盒采用绿和红相间的包装设计，1940年，公司老总掷金5万美元与罗维打赌，认定他改变不了这熟悉的形象。罗维接受了挑战，并且将绿底改成了白色，使印刷成本降低，增大了烟盒的醒目度。更换过后的香烟在市场上取得了巨大成功，其产品形象保持了40余年之久。

LUCKY STRIKE香烟老包装

罗维改造设计的LUCKY
STRIKE香烟包装(1940年)

LUCKY STRIKE香烟现代包装，
基本延续了罗维的设计

(4) CocaCola瓶形及字体。1954年，雷蒙德·罗维受可口可乐公司的委托，对可口可乐的瓶体进行优化设计。罗维接受了公司希望成为"能够被全世界90%的人认出的品牌"的任务。他赋予了瓶体女性般的柔美曲线，并且去除原本的浮雕图案，使用清晰的白色文字CocaCola。瓶身上设计的花体字直到今天还在使用但丝毫不显得过时，且早已成为该饮品的销售保障，这就是品牌形象的力量。

CocaCola瓶形及标签和字体的变化

2. 日本的包装

比起19世纪随着工业革命开始的欧洲现代设计，日本的设计发展晚了近一个世纪，它在20世纪50年代初才起步。但仅仅过了十几年，日本就以主人翁的姿态出现在国际设计舞台。到今天，它已成为继欧美之后新的国际设计中心，其发展的速度令人瞩目。

日本是一个擅长吸收和模仿的国家，在其现代设计刚刚起步之时，它们全盘接受了欧美现代设计的成果，把欧洲设计的式样完全照搬过来。在经历了学习和模仿的阶段后，它们开始探索具有自身民族特色的风格，这使其设计在国际设计中独树一帜。

从20世纪50年代开始，日本设计界对于欧美的现代主义设计进行了历史的、全面的了解。日本的视觉设计家对欧洲构成主义情有独钟、心领神会，是因为日本的传统文化中就特别喜爱纵横的线条和简单的几何图形，善于进行结构的严格分析和运用。20世纪60年代，随着新的研究成果的推广和应用，各种设计风格在相互融合中发展。在这股潮流中，日本人站在了前沿，其设计整体上超越了民族和地域的特征，突显出一种具有开阔视野和现代化特色的国际化视觉风格。

日本的设计还以细腻周到见长，大到交通工具，小到曲别针，都体现了他们的别具匠心。但有时，这种细腻的风格也会招致批评，被贬为"小器"，尤其是当他们为了强调细节处理和诗意氛围而流露出为小国岛民所欣赏的阴柔美时。

日本金酒，瓶与标处理细腻，
而瓶身的小花瓣图案则显得有些"小器"（2018年）

为了弥补自身的现代设计起步太晚的劣势，日本的设计非常注重设计中的科技含量，注重利用新科技开发产品。例如，札幌啤酒罐，这看似普通的啤酒罐其实并不那么简单，它的曲线造型使它犹如一个优雅的饮酒器皿，它的盖子可以完全揭去，而揭去盖子的罐口做了特殊处理，触感舒适，使饮酒者感觉是在用一个金属杯子喝酒，整体反映出日式文化的优雅。

荣久庵宪司是日本最杰出的设计师之一，他于1961年为日本著名的酱油生产公司Kikkoman设计的"龟甲万酱油瓶"大受欢迎，成为全球热销品。其实用的产品获得高度赞誉，经典形象成为品牌印记，甚至成为日本文化的代表之一，即使过了半个世纪，仍受到消费者的喜爱。

札幌啤酒罐(1988年)

龟甲万酱油瓶，的包装设计
(1961年)

思考题：

1. 谈谈你对欧美近现代包装设计的认识。

2. 早期包装要跟上时代的发展，生产商是如何做的？

1.3　包装设计未来发展趋势

在包装设计不断发展进步的100年里，我们的生活发生了巨大的变化：物质产品极大丰富，很多曾经贵重的商品越来越平民化；机器在很多领域代替了人的手工劳动。生活理念的进步又深深地影响了设计。

生活富足后的人们对包装的精美度要求越来越高，为了卫生和方便则更多地使用一次性的包装产品，但浪费和环保问题随之而来。以各种塑料等石油衍生品材料包装为例，虽然这种材料使用起来很方便，价格也便宜，可是一旦废弃后很难在短时间内自然降解，大量包装在一次性使用后会对环境产生极大的污染。正因为如此，在进入20世纪90年代以后人们普遍开始认识到这个问题，并提出绿色可持续发展的重要性，崇尚高科技、绿色、无污染的设计理念开始流行。

绿色设计以"环境友善技术"为原则，讲求设计与自然界及人类本身的和谐友好。绿色设计是系统化设计，即把整个地球的生物圈看作一个大系统，同时也把设计过程当作一个有机的大系统。与之关联的"减约主义"崇尚简洁，基本上将造型简化到了最单纯。"减约"并不是错别字，其设计语言是一种美学形式的表现，它将产品与包装的造型简约到极致，其单纯又典雅的形态，从视觉上是与绿色设计相关联的一种风格，在材料的使用上也体现了"少即是多""小就是美"的绿色设计原则。

包装设计受到绿色概念的影响，可降解、可再生、可重复利用材料相继出现，体积上根据产品不同的用途量身定做的设计也不断涌现。环境友好的绿色设计理念已为大众接受。例如，纸制鸡蛋盒包装的原型是于1930年左右设计完成的，它使用了廉价纸浆作为原材料，从那时起便成为鸡蛋包装的主要形式。1950年左右，塑料材料包装的普及使纸制包装盒受到了威胁，但由于公众环境保护意识的增强，使纸质包装得以保留，至今仍然存在。再生合成材料及再生纸包装代替纯纸质材料应用，更成为当下鸡蛋包装的主流。

目前，我国许多城市实行垃圾回收分类，城市垃圾中大部分是包装，如何设计出便于分类回收的包装是新课题，这是设计的艺术，也是生活的艺术。

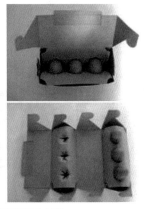

如今鸡蛋包装会使用可降解再生材料 　　　　　　　鸡蛋包装的变化反映设计师的绿色意识

1.4　大自然的包装

1.4.1　自然形态的包装

"麻屋子，红帐子，里面住着个白胖子"，这是我们小时候常听到的一个民间谜语。细细品味，会发现它描述的其实就是大自然中物体的包装形态，比喻形象生动。

前面我们所说的包装是"人为包装"，所研究的包装形态本身是处于静止中的形态，而自然形态的包装中有很多是以其旺盛的生命力给人以美感的。

很多植物的种子外部往往有一层保护物质，如花生、橘子等，它们可以起到保护种子不被风雨侵蚀或蚊虫蛀咬的功能，这层保护物质可以算是典型的大自然的包装。以我们最熟悉的鸡蛋为例，其包装分为蛋壳层、内膜层，蛋清又使蛋黄处于悬浮状态免受碰撞，蛋壳形态不仅最抗挤压而且材质透气。蛋壳是大自然中最完美的包装之一。

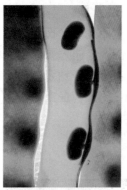

豆荚中的豆子就像被孕育的胎儿

"麻屋子，红帐子，里面住着个白胖子"是花生的包装形态，比喻形象生动

香蕉、橘子等水果的外皮就是最好的保鲜装

蛋壳的"科技"含量很高，是大自然中最完美的包装之一

人们对鸡蛋会再加以保护

◆ 1.4.2 灵感源于自然的包装设计

大自然是人类的第一位老师，人类很多最初的行为都是出于对大自然的模仿。在原始社会，人们就接触到了来自大自然的包装。

大自然给人类提供了源源不断的灵感，现代人受大自然的启发也会设计出许多仿生包装。

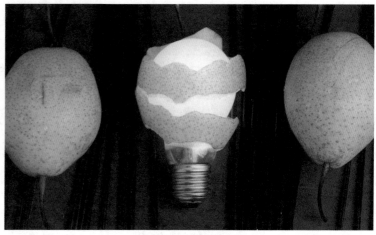

灵感源于自然而被点亮

现在的泡沫塑料包装与柚子的结构很相似

像树皮一样的包装随物品形状紧紧包裹

水果防震网套与橘子的筋络作用是相同的

　　"金蝉脱壳"是大家熟悉的成语，这一成语的出现说明先人们对自然生物现象的细微观察与认识。在包装中，那些灵感源于自然的包装设计越来越多地出现在我们的生活中，许多仿生包装其设计原理是来自人们对大自然的观察与认识。例如，蝉褪下的壳是蝉蜕，类似蝉蜕的真空包装可以使食品保质期更长。不过，二者的不同之处在于，蝉蜕是珍贵的药材，而人类制造的"蝉蜕"即真空包装，在使用过后就会变为垃圾。因此，人类制造的"蝉蜕"如何降解与再利用是今后要努力解决的课题。

成语"金蝉脱壳"来自于生物现象

类似蝉蜕的真空包装可使食物保质期更长

◆◆ 1.4.3　天然材料的包装

　　在古时候，用于包装的材料非常有限，主要是利用自然界的天然物品，如竹、木、藤、麻、贝壳、葫芦、粽箬、芦苇叶等。粗纤维植物在做加工处理后，可以立即成为方便的包装材料。这些天然可用的材质蕴藏丰富，再生能力强，其本身有时便是最好的包装，如在很多沿海国家，将椰子壳制成碗形容器，它的稳定性很好，可以确保食品贮存与运输的安全，是典型的利用自然材料制成包装的例子。当今，我们还可以利用自然材料设计制作出具有返璞归真意境及地方特色的包装，这种返璞归真的设计也给生活在都市里的人们带来亲近自然的感受。

粽子叶是集色香味于为一体的包装材料

坚硬的椰子壳是最好的天然包装材料

蒲草包装材料

草编包装材料　　竹管包装材料

绘有装饰图案的葫芦包装容器

麻绳包装材料

　　思考题：观察生活中有哪些包装与自然中的水果形态结构相似？

第2章 包装的功能、作用与分类

本章概述：

　　本章主要讲述现代包装的功能、作用与分类，以及对人们生活的影响。

教学目标：

　　掌握现代包装的功能、作用与分类，理解现代包装的具体功能。

本章要点：

　　了解现代包装功能的变化对人们生活方式的改变。

ALL　　WEB DESIGN　　LOGO DESIGN　　ILLUSTRATION　　PHOTOGRAPHY　　VIDEO

2.1 包装的功能与作用

　　现代包装的功能包括物理功能、生理功能、心理功能，主要体现在实用性与精神性两大层面上。

　　包装的实用性层面主要包含物理功能、生理功能。物理功能主要体现在盛载和保护产品上，这也是包装的基本功能。生理功能主要体现在对使用者的便利和安全上，还体现在信息传播上，即产品的辨识性和品牌的易记性方面。

　　包装的精神性层面主要体现在心理功能上，与审美有关。此外，人们对美好生活的追求使包装的功能与作用也在不断提升与扩展。

包装具有多种功能和作用

◆ 2.1.1 盛载功能

包装最基本的功能是盛装商品，使商品方便人们携带，并且保证商品在途中不被损毁，盛装品不至于泄漏或撒出。这就是包装最基本的盛载功能。

◆ 2.1.2 保护功能

包装具有盛载功能

包装是一项古老的商业活动，出现商品交换以后人们为防止待交换物品遇到风险，如渗漏、偷盗、损耗、散落、掺杂、调换、收缩和变色等诸多情况而采取的措施，包装还可以降低远距离运输中商品的破损率。因此，保护商品是包装最重要的实用功能，避免商品在流通过程中受到外来的各种物理的、化学的损害和影响。比如，存放过程中免受挤压、防止变形变质，流通过程中不易破损，使用过程中方便快捷等。不同的商品属性要配以不同的包装类型，所以包装要承受积重、温度、湿度变化的考验，还要考虑到避光、真空保鲜、冷藏、防腐蚀等措施，一些特殊商品更要考虑到防菌、防辐射或防挥发等因素。

瓶装、罐装的食品饮料既安全又卫生还方便消费者选购，很好地体现了包装的保护功能

包装保护功能的扩展也在不同程度上改变着人们的生活，给我们带来了"口福"。例如，包装对产品品质的保护作用，能最大限度地保全食品的风味。你不用走南闯北，在家门口的超市或坐在家中网上下单就能品尝到来自天南海北和世界各国的风味食品，在北京的人

可以品尝到海南名小吃椰子糕，在广州的人也能吃到天津大麻花。各种包装的食品极大地方便我们挑选，既卫生又直观，如为了避免人们吃到变质食品，罐装食品中设置有"盖中部凹陷状证明未过保质期"的自动识别标志等。

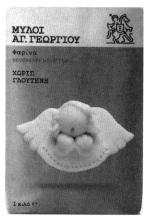

两款面粉的包装设计(希腊)中使用的面食图片与我们的馄饨和麻花形状相似，可见人类的饮食制作手法类同，而包装设计却千差万别

◆ 2.1.3　便利功能

在满足盛载和保护功能的同时，包装还要考虑人们消费时的携带和开启使用的便利性和适用性。包装应有适宜的形状，完善的功能，这是包装盛载和保护功能的扩展与提升。生活的快节奏让现代人更热衷于使用那些不费吹灰之力的商品，如易拉罐之所以如此畅销不衰就是因为这种器皿既保鲜又方便，那"啪"的一声脆响，给消费者带来的还有品质、信誉的保证和一刹那的快感。有些商品不能一次性用完，像茶叶、药品、食品等，就要考虑到商品包装的重复使用。有些商品有一定的重量，像小家电、组装饮料等，就要考虑采用手提式的商品包装结构，以便于消费者携带。包装的尺寸和规格应适合消费者对产品的平均消耗速度，特别是应保证在产品保质期内包装的内装物能被正常消耗完毕，避免浪费。

方便携带的手提袋

商品使用便利的背后其实蕴藏着设计师的智慧和心血。过去我们大都有过用螺丝刀或菜刀等工具开启铁皮罐头的经历，甚至还曾经被铁皮弄伤过手，现在许多罐头配上了开罐器，有的采用了便于开启的方式，这些都体现了商品包装服务于消费者的理念。商品包装设计中"以人为本"的原则不仅是对消费者的尊重、关心，在现代激烈的市场竞争中，也是争取顾客、提高效益的最有效途径之一。

如今各种场合中纸巾基本代替了毛巾，纸巾盒包装不仅卫生且取用方便

◆ 2.1.4 信息传播功能

现代商品在流通过程中可以通过包装向消费者传达，诸如品牌商标、产品名称、配料、功用等信息。包装上还必须注明产品型号、规格数量，以及制造厂家或零售商的名称。具体来说，就是包装需要准确传达出"我是谁""卖什么"及"卖给谁"等信息。

我是谁：包装上必须标有商标与品牌文字名称和品牌符号、图案等信息。

卖什么：包装上必须标明产品名称，交代清楚是什么产品，怎样使用、产品成分、注意事项等信息。

卖给谁：包装上要明确表现出商品的适用对象，从文字、图形、色彩上都要有所倾向，即有针对性，针对不同性别、不同年龄，如老人、妇女、儿童等要区别对待。

包装应通过文字、符号、图形、图案、照片来清晰地传达出这些信息。

包装盒上的文字及图案可清晰展现内部商品　　　信息完整、设计精巧、方便运输的蛋类包装

◆ 2.1.5 信誉保证功能

1. 包装代表着安全性

包装是一种信誉的保证，代表着安全性。如今无论是乘飞机还是在饭店用餐，就座后服务员都会为顾客提供一个密封包装的、精美的一次性消毒湿纸巾，代替过去的湿毛巾，卫生方便。包装精美的各种瓶装水代替了路边大碗茶，各种瓶装茶饮料也改变了中国人喝茶只能热饮，并且不能过夜的传统观念。

包装精美的纸巾代替了布手帕，一次性杀菌　　　　北京前门的大碗茶(1979年)　　各种瓶装水代替了路边的大碗茶
湿纸巾代替了湿毛巾，既卫生又方便

食品包装上的生产及保质期能保障你的饮食安全；包装上的生产厂家地址、联系方式等信息能使你得到及时的售后服务及权益保障。同时，在产品上突出厂名、商标，有助于减轻购买者对产品质量的怀疑心理，特别是有一定知名度的企业，这样做对产品和企业都能进行宣传，一举两得。例如，美国百威公司的银冰啤酒的包装上有一个企鹅和厂牌图案组成的品质标志，只有当啤酒冷藏温度最适宜的时候活泼的小企鹅才会显示出来，向消费者保证商品货真价实、口味最佳。

包装上的生产及保质期能保障食品安全

2. 包装的防伪功能

包装的防伪技术的使用既保护了企业的利益，也保护了消费者免受假货所造成的身体和经济损失。大量具有现代科技的防伪技术应用到包装上，如激光全息防伪封口贴，破坏性纸盒或瓶盖等。其实，我国古代很早就注意到了防伪的重要性，如创造了一种蜡壳药物包装蜜丸，封口后印上金戳的方法，既保护了药物，又起到了防伪的作用，并且美观易用，是一种至今仍沿用的优秀设计。

蜡丸包装

3. 包装的提示作用

包装越来越细致，越来越人性化。"过敏提示"也成为国内食品包装的必需标注语之一。过去，大多数人购买食品时只关注口感、生产日期和保质期，基本不关心配料表，至于过敏提示就更没注意过。我们本土企业生产的食品标签上也几乎找不到"过敏提示"，而在一些合资企业或者外商独资企业生产的食品包装上则有此类提示语。例如，美国卡夫食品公司在国内生产的奥利奥、趣多多、太平梳打饼干等食品包装上，都会在配料表旁标明：此生产线同时加工含有花生、芝麻、蛋制品及芹菜等产品。如今，我国出台的新规对含蜂王浆、咖啡因、脱脂乳等过敏源的食品做了标注"过敏提示"的强制性规范。其中，含蜂王浆的食品应标注"该产品含蜂王浆，可能引起多种过敏反应，尤其对有哮喘和过敏史的人群可能致命"等字样；添加咖啡因的饮料(除标注咖啡因含量外)应标注"该食品添加咖啡因，不适用于儿童、孕妇、哺乳妇女和对咖啡因过敏者"等字样。从"吸烟有害健康"的健康提示到"过敏提示"；消费者又多了一道被保护的屏障，也说明了包装的安全性提示越来越受到重视。现在很多化妆品中也已经有了"过敏提示"。

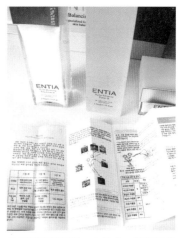

包装越来越细致、人性化，现在很多化妆品的包装中也有"过敏提示"

包装的安全性还体现在满足消费者对商品尤其是对需要多次分量消费和自行配置使用的商品，包装牢固、耐用、安全的愿望；对产品内容的介绍，特别是对食品成分或药物疗效的介绍，如标明甜食中无糖精和其他添加剂，或标明药品有无副作用，让消费者食用或服用时放心。

◆ 2.1.6 增值功能

在商品交易中，所有的包装成本最终都会分摊体现在商品价格上，而优秀的包装设计可提高商品的附加价值并赢得消费者的认同，使消费者乐于为此买单。在很多情况下包装已经是产品的一部分了，好的包装设计就是以最小的成本赢得最大的商品附加值。

◆ 2.1.7 促进销售功能

传统的包装观念认为，包装的功能是盛放、保护产品以方便运输，这种观念的产生及其存在的背景是产品水平较低、市场形势处于供不应求的卖方市场时代。在卖方市场上传统的包装观念完全正确，符合买卖双方的利益，但随着时代的进步、经济的发展，卖方市场逐步

银质杯子盛放的咖啡尽显奢华，消费者愿意为这样的包装买单

被买方市场所替代。在买方市场上，现代包装已经超越了保护商品、便于运输携带的原始功能，它更是一种有效的促销手段。因此，包装应具有展示商品，促进销售的作用。

包装可分为工业包装与商业包装，工业包装设计以保护为重点，商业包装设计以促销为主要目的。进入工业社会后，市场经济中的商品周期缩短了，同样是一种属性的产品，由于生产厂家不同，包装上显现的公司文化特征也不同。为了扩大销售，打败竞争对手，各厂家间开始了残酷的市场竞争，价格大战迫使商家不断更新换代产品，不断变换包装。从消费者的角度看，商家的这些竞争与其说是产品大战，不如说是包装大战。

印有明星照片的购物袋取代了过去朴素的菜篮

1. 包装是无声的推销员

消费者生活方式和购买行为的改变，使包装成为无声的推销员。在过去，包装只是作为保护产品使其在运输过程和储藏时不被损坏的一项措施而已。如今，包装成为商品在市场中参与竞争的重要保证，在货架上、在手机与电脑屏幕上，包装设计能否很快吸引顾客的注意力将直接关系到产品的销量。

超级市场的出现改变了人们的购买行为和方式，在超市中消费者在没有导购的情况下自行挑选商品，此时只有商品包装画面在与其默默对话。如今，在网上购物也已成为许多人的购买习惯，电商平台更是要靠包装来展示商品，人们早已习惯根据商品包装画面所传达的信息选购商品，这时商品包装就成了商品与消费者之间沟通的媒介。在线下超市与线上电商为

主要销售模式的时代，在没有售货员的情况下，商品包装承担起了推销员的工作。包装是沟通生产者与消费者的最好桥梁，顾客在购物时，往往也会通过包装设计的外表形象去推测其内装产品的质量，最终选择谁都将由消费者从相互比较中来断定。

超级市场已经成为现代都市生活必不可少的场所，无数的包装将在这里接受市场的考验

2. 好的包装设计能打动消费者

如今超市中的商品琳琅满目，可谓"乱花渐欲迷人眼"，并且同类产品往往还会"冤家路窄"地堆在一起，这就要求商品包装在图形画面的设计、色彩的搭配、视觉信息的传达上准确无误且还要具有强烈的吸引力。在商品极大丰富的今天，同类商品在质量、价格方面已相差无几，在十几种甚至几十种同类商品中，只有那些创意独特、有强烈视觉吸引力的包装能够打动人心，从而唤起消费者的购买欲望。

包装设计怎么打动消费者的心呢？

好的包装设计本身会说话，是有灵性的、生动的和真实的。细心的消费者会发现，如今的很多包装上不再只是有简单的文字或图案，往往会加入一些灵动独特、吸引眼球的造型和图案。

好的包装设计更贴近生活，它可能是某个生活细节的追溯。贴近生活的包装更能尽显产品的内涵，是最能反映出产品本身特质的。

好的包装设计来源于历史，很多商品本身很有文化底蕴，如果将该产品的历史及人文内涵融入包装设计之中，往往更能吸引消费者的关注。

好的包装设计诉诸情感，没有了情感诉求的商品销售是很低级的"叫卖"。真正的好包装是蕴涵情感诉求于其中的，而一件充满情感的设计更能打动消费者的心。

G1饮料的包装色调简洁强烈，既明确地传达出产品是何种口味，又强化了视觉印象，让消费者看到就会产生消费冲动

◆ 2.1.8　广告功能

现代的包装设计中加入了越来越多的广告元素，很多消费者购买动机是受商品包装与广告引导的。例如，矿泉水的包装设计，如果只宣传解渴这一基本功能，效果一定不会太好。因为现在的消费者对饮用水的需要不仅是解渴，还希望其可以提供人体内所需的一些物质元素。因此，在进行包装设计时，应主要体现水质来源、含有大量人体所需的各种矿物质，以及保证饮用安全健康等，这样更能唤起消费者的购买欲望，按照包装设计的引导购买矿泉水。

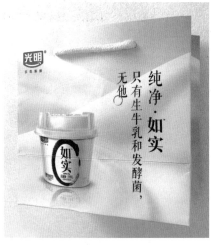

酸奶的包装提袋设计上宣传产品
纯净无添加的健康理念

果汁饮料瓶身的简约设计体现
其鲜榨和纯净的特点

◆ 2.1.9　品牌传播功能

品牌代表产品的品质，包装可以树立品牌形象并广泛传播企业文化。在竞争激烈的市场中，包装的这一功能显得尤为重要。当今的品牌之战像一个万花筒，你方唱罢我登台，令人眼花缭乱。

1. 品牌战争是包装的战争

随着经济扩张形式的转变，许多跨国企业由过去单纯的出口商品转变为输出资本、技术和品牌。这些企业在向一个地区输出资本、技术和商品之前，首先要做的就是消灭当地产品，更准确地说是要消灭包装。例如，过去大家在商店常见的"白猫"洗衣粉、"中华"牙膏等国内老品牌的包装全部被"汰

品牌万花筒

渍""高露洁"等进口品牌的包装所取代。

20世纪末，黄色的美国柯达胶卷与绿色的日本富士胶卷在中国市场争夺了十几年，最后柯达取得了胜利。当中国的摄影市场上满眼都是黄色的柯达包装盒时，还有一个小小的红色的乐凯胶卷依然坚持着。柯达一直想兼并乐凯，条件就是红色的乐凯包装盒必须永远消失。由于乐凯的坚持，兼并一直没有成功，而柯达为了挤压乐凯的生存空间，也一直将胶卷价格定在比较低的水平(柯达胶卷在欧洲市场要5美元，在中国只要20元人民币)。由此来看，小小的包装盒在货架上的存在与否可能并没有引起大众的注意，但它背后承载的却是经济与文化的对抗。

绿色富士胶卷包装

针对中国市场销售的黄色柯达胶卷包装

红色乐凯胶卷包装

具有戏剧性的是，柯达并没有被富士与乐凯这对老对手打败，而是被一个横空出世的、野蛮生长的、不按常理出牌的叫"数码"的家伙在短短几年打得一败涂地，直至破产。

SD存储卡

2. 文化的输出传播

包装的文化输出传播功能体现在入乡随俗，如可口可乐的包装标识变化。可口可乐(中国)饮料公司于2003年2月18日对外界宣布正式更换包装，启用新标识。新标识以中国香港设计师陈幼坚设计的全新流线型中文字体，取代了可口可乐1979年以来在中国市场一直使用的中文字体。此次改变是可口可乐公司VI系统在中国市场的一次大胆尝试，也体现了在面对发展迅速的社会、日新月异的生活意识形态和不断变化的市场竞争时公司主动求变以赢得发展的态度。多年来，可口可乐包装字体风格的设计及瓶形设计深入人心，被市场和消费者广泛接受，其文化传播价值已远远大于作为饮料的实用价值，这是公司多年来投入重金构筑的宝贵财富。

可口可乐中文字体设计

出口包装的意义就是随着商品的输出既进行经济扩张又进行文化的传播，它比纯粹的艺术更能渗透到被输出国的每个角落，潜移默化地影响着那里的人们。

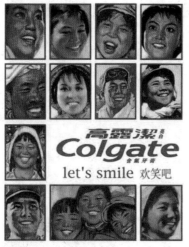

高露洁牙膏在中国的广告可谓煞费苦心

百事可乐广告上充满了中国元素

3. 培养消费者的品牌忠诚度

品牌包装是品牌传播的重要载体，是品牌与消费者情感沟通的渠道。品牌还体现了购买或使用这种商品的是哪一类消费者。如果消费者对某品牌情有独钟，信任有加，他们会直奔那个品牌的商品，毫不犹豫地买下，这就是品牌的情感力量，而培养这种情感最初就是依靠包装来打动和留住消费者的。

2.1.10 审美功能

审美是人类历史发展形成的共同结构中一个较高层次的感受，是人类的一种较高级的普遍需要，也是人类的一种普遍的心理特征，还是人类共同的情感体验。

审美，是包装的精神性功能的体现。随着人们对美的欣赏水平的不断提高，不同时代体现出不同的审美特征，现代包装设计应顺应时代美学观点，创作出具有现代美的作品。包装设计不应只是程式化的过程，还应该是艺术形式的体现，既要从传统文化中吸取精华，又要体现出现代设计的特征，这样才能创造出丰富多彩的包装设计形式，从而体现包装设计的内涵。

新巧奇特的香水瓶造型使人产生无限联想：阴阳、太极、海螺、蜗牛、链环等，这些联想就是一种审美体验

香水瓶的完美造型、精湛工艺、舒适手感，堪称一件艺术品，观赏它时是一种审美体验

审美活动建立在认识活动达到一定水平的基础上，也就是以感性的情感活动形式包含和积淀着理性的认知因素，它不是浅显的形象直观，而需以一定的认识和文化水平为前提。作为消费者，其审美需求要与美的对象相结合。当代包装设计应找准科学与人文的契合点，从单纯的、基本的功能需求上升至一种深刻的人文思想，给消费者以人文关怀，使产品和包装一同更好地为人服务，创造一个能满足人类精神与物质双重需要的环境。

1. 包装审美功能满足人们的精神需求

消费者的需求是由低级的生理需求得到基本满足后向高级的精神、社会需求发展的，正所谓的"衣食足，而知荣辱"。美国市场营销专家菲利普·科特勒认为，人们的消费行为变化分为三个阶段：第一个是量的消费阶段，第二个是质的消费阶段，第三个是感性消费阶段。在现代社会，随着商品的

加利福尼亚BEAR FLAG红酒的插图设计

极大丰富和大众品位的提高，消费者日益看重商品对于自己情感、心理上的满足，而不仅仅是量和质的满足。消费心理的变化要求企业应顺应消费心理，以恰当的设计唤起消费者心灵的共鸣。

在物质匮乏的20世纪六七十年代，人们会收藏有限的几种烟标、酒标，甚至糖纸，这说明审美功能在很多时候可能更吸引消费者的关注。

酒标是具有审美价值的收藏品，包含丰富的人文、历史、文化信息

在当今社会，与"物质"打交道的主要是产品；与"精神"打交道的主要是包装。在传统意义上，包装设计的主要功能是保护商品，其次是审美表现和传达信息，但随着人们生活水平的不断提高，后两种功能已经显得越来越重要了。当生活物资由匮乏变为极大丰富，人们已经不只满足于商品的实用功能，而更多的是要求商品的精神内涵。人们逛商店也不只是满足于琳琅满目的商品，更要求商品包装赏心悦目，具有更高的审美价值。例如，我们常用

的手帕纸，消费者在选购的时候，"精美可爱"就是最能左右其购买态度的关键。

2. 包装可以承载与传播文化内涵

包装不仅盛载物品，还是承载了文化内涵，有些包装的精神内涵甚至大于实用价值。例如，月饼作为一种传统的食物礼品，其承载了感情沟通和祝福的意义，而月饼包装是礼品不可分割的重要部分，起着传达精神与文化的作用。

下面这两组包装设计元素就很好地与传统文化氛围融为一体。

吉百利巧克力的包装构思元素为孩子们、红领巾、一个时代，其中的红领巾是其设计的核心元素。这一包装体现了怀旧与回忆童年的情绪。

手帕纸巾包装风格也变化多样，突出了精美可爱的特点

近年来，随着国货品牌的重新崛起，消失了十几年的"山海关"汽水重装回归，它以经典复古、怀旧情怀、人文特色与小时候的味道为主要诉求点，包装与瓶形基本沿用了原有风格，用以唤起人们的记忆。其广告创意图形主要提炼很多人儿时记忆中的时代符号，把抽象的回忆具体化，融入年轻人易于接受的时尚元素。

吉百利巧克力包装体现了怀旧与回忆童年的情绪

山海关汽水的回归

3. 包装设计引领时尚潮流

包装设计引领时尚潮流、是时尚的象征，它潜移默化地影响着人们的审美情趣。企业通过推出紧跟时尚的主题图案的产品包装，能够迅速带动产品的销售。

在国内的乳品行业中，蒙牛早早看准了新一代青少年追求时尚、个性化的心理。推出的蒙牛酸酸乳针对青少年市场特性，选择了走时尚化的路线，它的包装设计也紧跟时尚潮流，吊足了消费者的胃口。2005年，企业冠名了当时最火热的选秀节目《超级女声》，并且相继推出由当选超女代言的主题包装产品，随着节目热度的飙升，蒙牛也名声大噪，成为时尚、新潮的代名词。

近年来，光明乳业通过赞助中国女排进行体育营销，在光明乳业的包装设计上也体现了女排形象。女排是"拼搏精神"的代名词，自中国女排在2016年里约奥运会夺冠，也使光明乳业宣扬的企业精神与女排精神发扬光大，人们在赞赏喜欢女排姑娘为国争光的同时，也潜移默化地喜欢上具有女排形象的包装产品。

可口可乐与百事可乐的竞争使双方的包装设计都不断推陈出新并加入新的时尚视觉元素。可口可乐最早在包装上印上魔兽争霸网络游戏中的各种角色，推出了魔兽系列包装产品，此后又推出了世界杯足球明星系列的包装、魔兽II的系列包装。这些主题包装的产品都极大地带动了产品的销量。百事公司也单独设计了一个足球明星卡通人物来代言七喜品牌产品。这两家公司不断更新体育明星系列的包装和流行歌手系列的包装，来抢占青少年这个消费群体。世界杯期间，因为两家企业的产品都以球星作为包装的主体，故消费者感

"超级女声"形象的
蒙牛酸酸乳包装

有中国女排形象的
光明牛奶包装

可口可乐与百事可乐的竞争使双方的包装设计都不断推陈出新

觉不到两者的差别，也就维持了市场原有的平衡，但后来当可口可乐转变为网游主题而百事可乐未能跟进时，可口可乐的优势就显现出来，在网吧玩游戏的青少年消费可口可乐的比例明显高于百事可乐。

据调查，如今国人正在以每年两部的频率更换着手机，目前市场上各种品牌的手机从功能上来说都大同小异，打动消费者的主要因素还是外观的推陈出新，这里设计体现在使产

品更美观、更轻小、更体贴于人们的视觉和手感。20世纪90年代中后期，手机壳借着移动电话瘦身的契机开始盛行，其种类也随着手机品牌和功能的增加而呈多样化，按质地分为皮革、硅胶、布料、硬塑、软塑料等品别。手机壳可以说是手机的长久保护包装，发展到现在它已不再是单纯的实用商品。随着手机在年轻群落中的普及，几乎每一个追求时尚的年轻人都希望拥有一部独一无二的手机，给手机美容逐渐成了他们展示个性的一种方式，为了迎合这种趋势，手机保护套生产商推出了许多做工精良、色彩图案别致的产品，这使得手机壳的类型更加多元化。

奶盒手机壳

胶囊手机壳

有创意图形的简约手机壳

　　当我们翻阅那些时尚与潮流的信息，会发现每一年的时尚与潮流预报其实不过是一些花样翻新的设计而已，但就是这些设计，让人们乐此不疲、前仆后继地追逐。设计改变了人们的生活方式，是时尚与潮流的缔造者，而包装设计正是时尚潮流的载体。

酒包装对时尚元素的运用

男士香水瓶形与外包装盒彰显男性时尚精神

2.2 包装的分类

2.2.1 包装的划分标准

1. 按包装容器分类

按容器不同，包装可分为包装箱、包装桶、包装袋、包装包、包装筐、包装坛、包装罐、包装缸、包装瓶等。

包装盒与包装罐　　　　　包装罐与包装袋　　　　包装瓶

2. 按包装性质与用途分类

按性质与用途不同，包装可分为销售包装(面向消费者)、运输包装(物流)、工业包装(面向经销商与工业企业)。

3. 按包装层次分类

按层次不同，包装可分为内包装和外包装。内包装也称小包装，是货物的内部包装，其目的是对液体、气体、颗粒、粉末等状态物品的特殊保存，防止光、热、冲击等外力的破坏，也是对物品的数量、含量、净重的分配；外包装也称中包装，是针对含内包装物品或针对若干小包装的包裹、盛装等状态实施的包装。

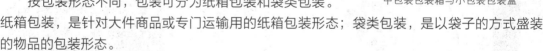

中包装包装箱与小包装包装盒

4. 按包装形态分类

按包装形态不同，包装可分为纸箱包装和袋类包装。纸箱包装，是针对大件商品或专门运输用的纸箱包装形态；袋类包装，是以袋子的方式盛装的物品的包装形态。

5. 按包装的保护功能分类

按保护功能不同，包装可分为防水包装、防锈包装、防震包装、防腐包装等。

6. 按包装的材料分类

按材料不同，包装可分为纸质包装、木制包装、塑料包装、金属包装、玻璃包装、陶瓷包装、织物包装、合成材料包装等。

7. 按包装的货物分类

按货物种类不同，包装可分为食品饮料包装、日用生活品包装、医药包装、轻工产品包装、针棉织品包装、家用电器包装、机电产品包装和果菜类包装等。

可展示的销售包装

木盒包装与陶瓶包装

内包装与外包装

2.2.2　常见的包装品类

本节我们从设计的角度，介绍几种常见的包装品类。

1. 食品类包装

食品包含的门类很多，如糕点类、小食品类、粮谷类、调味品类、肉类、熟食类等。食品包装与人的健康乃至生命息息相关，所以必需标明生产日期及有效期、容量、配料及添加物等。从设计的角度考虑，可通过形式、色彩来提高食品的附加值，刺激消费者的购买欲望。但需要注意的一点是，在色彩上应尽量避开使用大面积的黑色，因为黑色容易让人联想到有毒物品或有安全隐患的东西。

食品类商品的包装应具备两个特征：第一，要能引起消费者的食欲感；第二，要刻意突出产品形象，如小食品包装应用暖色系列的颜色和活泼的图形，让人看到就能感到身心愉悦，进而有品尝的欲望。

这组食品类包装采用轻松的暖色调以引起消费者的食欲

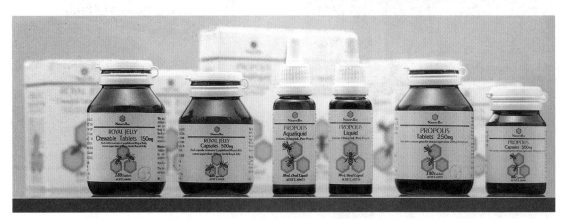

深色的瓶子可以避光，配以浅色的瓶签更合适

2. 饮料类包装

饮料类产品的包装包括：饮用水包装，如纯净水、矿泉水、天然水、苏打水等；软饮料包装，如碳酸类饮料、果汁类饮料等；奶类包装，如鲜牛奶、纯牛奶、酸奶等。

饮用水包装的色彩一般采用冷色调，暗示凉爽和清纯，并用透明度好的塑料瓶，充分显示产品的特征。软饮料多采用玻璃瓶与易拉金属罐包装。鲜牛奶采用巴氏杀菌工艺，是需要冷藏的，保质期短，包装多采用纸质盒形态；纯牛奶采用超高温灭菌工艺，可常温保存，保质期长，多采用袋包装。

饮料类包装的造型、材料、标签、色彩设计等，应该能够引起人们的饮用和选购欲望。例如，"LORINA"的果汁包装很吸引人，尤其是果汁的名字，当顾客看到摆在货架上的果汁时，就会被它的晶莹剔透感所吸引，那是一种纯洁的透彻，它唤起了人们对生活中纯真美好的渴望，开始憧憬它的味道是怎样一种美好的感觉。这就是一款作用于人的生理感觉的包装设计的影响力。

饮料类包装的标签应有创意　　　　　　　　　以文字作为瓶身装饰的饮料类包装

果汁包装瓶晶莹剔透的颜色引起人们的购买欲

3. 酒类包装

酒类品种繁多，只有充分了解各种酒的性状特征，才能更好地进行酒类包装设计。例如，蒸馏酒包括白酒、白兰地、威士忌、伏特加、琴酒、朗姆酒、龙舌兰酒、清酒等。葡萄酒按色泽不同，分为红葡萄酒、白葡萄酒、桃红葡萄酒等。

以我们最常见的白酒为例，按照香型不同，主要分为酱香型白酒、浓香型白酒、清香型白酒，以及兼香型白酒。酱香型白酒的特点是酱香突出、酒体醇厚、清澈透明、色泽微黄、回味悠长，典型代表有贵州茅台酒、郎酒等。浓香型白酒的特点为香味浓郁、清澈透明、甜香爽口，典型代表有泸州老窖、老酒坊等。清香型白酒的特点有清香纯正、自然谐调、醇甜柔和、绵甜净爽、幽雅舒适，典型代表有汾酒、金星高粱酒等。兼香型白酒的特点是具有复合香气、口味淡雅、典型代表有西凤酒、白沙液等。

其他我国常见的酒类还有黄酒类、露酒类、保健药酒类等。

(1) 酒瓶的包装设计。酒瓶是酒的载体，作为三度空间的立体造型，它给人的感官体验主要在触觉和视觉和两个方面。在触觉方面，酒瓶主要关系到人在使用时的手感，以及使用的方便性；在视觉方面，酒瓶不仅担负着传达商品信息的使命，还应满足大众的审美需要。

酒瓶的设计，需要考虑造型、质料、功能几个要素。酒瓶的造型按形态不同，大致可以分为圆形瓶、扁圆形瓶、方形瓶、柱形瓶，以及多角形瓶等，造型比例要和谐，接触部位手感舒适，方便拿取和便于倾倒，这些都是现代酒瓶造型设计的基本要素。酒瓶的质料，主要有陶瓷瓶、玻璃瓶、金属瓶等。酒瓶的功能为保护液体不受外力碰撞、避免洒漏、避免各种化学性侵蚀、满足长期储存的要求。

墨西哥龙舌兰酒的包装瓶　　　　日本米烧酒的包装瓶　　　　　　有江西地方特色的四特酒包装

(2) 酒盒的包装设计。酒盒的包装设计，最重要的是它的保护功能，使其在储存、运输和销售过程中不致散失、损坏和变质。此外，酒盒包装设计还必须充分考虑其美化增值功能，因为美观大方的包装造型和新颖别致的图形图案可以衬托产品形象，提高产品的附加价值，具有促销功能。消费者通过酒盒包装，可以了解产品，引起消费兴趣，激发购买欲望。

带木盒或皮盒的包装可彰显酒的高档次　　　　　　有个性的异形红酒包装设计

葡萄酒包装

包装的墨绿色瓶身起避光作用

优质的酒包装应满足如下要求：第一，外包装箱应整齐、坚硬，箱内有防震、防撞的间隔材料，箱体图案印制精美，字迹清楚；第二，根据食品标签标准要求，生产者应当在白酒标签上标注酒名、生产者名称、地址、产品标准号与质量等级、配料表、酒精度、净含量、香型、生产日期、规格、生产许可证编号等；第三，酒瓶表面光洁度好，玻璃质地均匀。在设计上，应该在充分了解酒的不同特性及其传统文化背景的前提下，设计出独特的包装样式，而不应套用模式化的设计。

4. 日用生活品类包装

日用生活品包括化妆品、卫生防护清洁用品等，品类繁多。这类商品多定位于大众市场，其包装设计要显示出易于亲近的气氛感，能表现出商品的优质感，还要能使消费者在短时间内辨别出该品牌。

在日用品中，化妆品的包装设计受到时尚流行因素的影响最大，在设计时需要更多考虑审美功能，包装的"时尚性"及"文化性"是在设计时要始终贯穿的。化妆品消费者由于年龄、性别、职业、文化、经济水平等差异，其购物时的心理活动与作用也是不同的。例如，成熟的消费者、工薪阶层、低收入者多为求实型；年轻人、高收入者多为求美型；白领、性格外向者更讲究"出众"。因此，化妆品的包装设计应根据自身的消费群体定位和销售目标进行设计策略的制定。

化妆品的展示也应体现时尚感

化妆品的包装设计应更多考虑审美功能，因为它本身就是一件艺术品

5. 医药保健品类包装

医药保健品与人的健康和生命息息相关，因此药品的包装设计普遍强调包装的安全性，通常不会受流行趋势的影响。在包装材质方面，国内一些制药企业的药品包装材料现在采用的仍为纸制品(折叠纸盒、纸箱等)，易受潮、沾灰尘；而国际上已采用比较先进的热收缩膜包装，这种包装的强度高、透明度好，美观、防潮、防霉，而且成本较低。

贵重药材包装

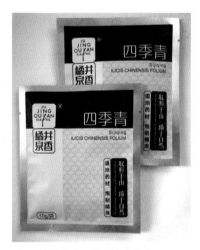

中草药的克重小袋包装

6. 数码电子类包装

数码电子产品主要包含电脑主板、硬盘、数码相机、U盘、墨盒等。要为数码电子产品选择合适的包装，必须先了解产品的易损度，因为包装设计就是要根据被包装产品易损度的大小，以及包装件所要经受的流通环境条件，来选择适当的缓冲保护材料，使其在流通中能够经受住一些意外冲击，从而达到保护产品的目的。

在设计数码电子产品的包装时，为了充分体现产品所具有的独特个性，体现出数码电子产品的科技感、时尚感、年轻感，还需要优质的包装材料，以提升其科技含量，同时还要注重特种印刷工艺的运用。在色彩方面，尽量设计出符合数码电子产品身份的色彩，以提高产品在销售中的竞争力。数码电子产品包装上的元素主要是产品形象、标志和品牌形象，采用的摄影图片的最大特点就是能够逼真、准确地再现产品的质感和形状。如果有装饰性图形应选用科技感强的抽象图形。

具有防水功能的数码产品包装盒

7. 玩具类包装

传统玩具包括布绒玩具、机械玩具、电动玩具、塑料玩具、充气玩具、木制玩具等多种类别。近年来，电子玩具、智能玩具已成为玩具的发展潮流。

玩具的包装要能体现趣味性与新鲜感，以吸引儿童与家长的兴趣与注意。

思考题：

　　1. 如何理解现代包装的物理功能、生理功能和心理功能？

　　2. 包装的分类主要有哪些？

第 3 章　包装设计的要素

本章概述：

　　本章主要讲述包装的两大设计要素——视觉传达设计要素与形态结构设计要素。

教学目标：

　　掌握使用视觉传达设计要素与形态结构设计要素进行设计的方法。

本章要点：

　　理解视觉传达设计要素用于实现包装的心理功能和视觉传达功能；形态结构设计要素主要实现包装的实用功能。

ALL　　WEB DESIGN　　LOGO DESIGN　　ILLUSTRATION　　PHOTOGRAPHY　　VIDEO

　　包装设计的要素包括视觉传达设计要素与形态结构设计要素两大类。其中，视觉传达设计要素主要实现包装的心理功能和视觉传达功能，形态结构设计要素主要实现包装的实用功能和生理功能。

　　消费者对包装设计的感知方式，可分为视觉感知、行为感知、触觉感知和联想感知。视觉感知指的是在包装设计中使用跟产品的某个突出特点相类似的视觉设计元素对目标消费者造成视觉冲击，使其感知并留下深刻的印象的过程。行为感知指的是通过包装拆开行为，让消费者在这一过程中形成对商品概念的感知。触觉感知是指接触包装时其材料质感所带来的特殊心理感受。联想感知一方面指视觉设计元素引发的消费者对商品属性的联想，另一方面指当消费者通过广告媒介所了解的商品信息同包装设计上某些设计语言所传达的商品信息一致时，消费者对该包装设计的认同感。

　　一般来说，包装的商品性由两方面来体现：一方面是以独特、美观、适用的外形结构来吸引消费者，通常称其为结构设计；另一方面是指通过图形、色彩、文字的说明来说服顾客，通常称其为视觉传达设计。正确把握包装设计的诉求点，可以充分表现出商品的功能，起到引导消费行为的作用。

3.1 包装的视觉传达设计要素

包装的视觉传达设计要素，包括标志设计、产品或品牌形象大使(吉祥物)设计、字体设计、图形图像设计、图文编排、色彩设计等。

3.1.1 包装的标志设计

1. 标志的概念与类型

标志是一种传递信息的视觉符号，是一种具有象征性的图形设计，传达出国家、地区、集团、活动、事件、产品等特定含义的信息。按功能不同，标志可分为徽标、商标和公共信息标志。

在包装设计中，主要使用的是商标。商标是指商业性标志，是有商业目的和商业价值的标志，受法律保护的整个品牌或其中一部分，如注册的图案、符号。商标可分为企业标志和商品标志。

(1) 企业标志(企业品牌标志)，企业形象的体现方式之一，把企业的性质、经营理念、规模及产品的主要特征等信息通过视觉形象传递给公众，以便识别，还具有承载企业信誉、代表企业产品并同时体现企业综合实力的作用。

(2) 商品标志(商品品牌标志)，是指通过注册的商品标志，受国家法律的保护。商标既是产品的代表又是产品的象征，也是企业的无形资产。

(3) 企业与产品为一体的商标，既是公司企业的标志，又是企业产品的标志，同时具有企业品牌与产品品牌的双重价值。

包装协会标志，
以图形组成"包"字

2. 标志设计的原则

一个标志设计得成功与否，必须经过实践的考验。标志设计不仅仅要追求表面的形式美感，其造型也应对所传达的事物或信息有象征意义，使人们通过标志图形产生与其相联系的想象，两者相互沟通、产生共鸣，受到使用者和消费者的认同，才会具有生命力。想让标志流传久远，必须要有深刻的内涵，成功的标志设计是有思想、有灵魂、有生命力，让人信服的。

(1) 从设计创意的分类看，标志一般有以下几种类型：以产品名称本身为标志的主体；以品牌名称的含义进行创意构思；以行业所特有的形象为设计元素；以历史、地域的特色为设计元素。

(2) 从设计技巧来看，标志分为：以文字为主要设计元素；以图形为主要设计元素；以数字为主要设计元素。

"冠宜春"的品牌
标志以文字为主　　以数字与图形
　　　　　　　　组合为标志

以人物形象与英文组合为标志

以图形为主文字为辅的组合标志

以英文与几何图形组合为标志

以创意图形为标志

　　标志设计已不再是原来单纯起到区分产品的作用，其被动的地位逐步上升为主动的地位，它向人们推销着其所代表的品牌的理念与观念，与消费者在情感上达成一种共鸣，让消费者真切地感受到品牌的文化内涵。例如，名媛酒坊的标志以古建筑与酒幌提炼图形为设计元素。品牌标志的价值是在不断发展的，标志的设计也不是一成不变的，会随时代的变迁、人们的审美变化而进行改造与推陈出新。例如，王致和标识的清代人物形象设计。标志的发展与变化还体现在入乡随俗，如前面讲到的可口可乐品牌标志的变化。

名媛酒坊的标志以品牌内涵为设计理念

以人物形象为主的标志

3.1.2 产品或品牌形象大使(吉祥物)设计

　　产品或品牌形象大使(吉祥物)设计，可以作为产品或品牌形象的核心要素出现在包装上。有的企业也会把吉祥物或动漫卡通形象与标志一同注册。

　　选择品牌形象大使一定要考虑产品特性，代言人的气质要符合产品气质，再知名的明星代言人在这里只是产品或品牌的配角，不能本末倒置，设计上也不能只见明星而不见产品。

　　选模特不以唯美为标准，而是以能更好地表达广告理念与商品特性为标准。20世纪80年代，日本电影演员田中邦卫(在电影《追捕》中扮演丑角横路敬二)为麒麟生啤酒代言，其表情憨态可掬，演员的形象更加突出亲和力与平民化，更好地契合了广告所要表达的商品特性。

麒麟生啤酒包装与广告代言人形象

　　包装上使用品牌形象代言人是把双刃剑，有些消费者会因为不喜欢某位明星而从此不购买他代言的产品，因为他们可能会一看到包装上的形象就会产生厌恶情绪。使用动漫卡通形象作为品牌形象大使，用于产品包装和企业形象宣传是个不错且稳妥的选择。

小米品牌的动漫卡通形象大使

以动漫卡通为品牌形象标识，要注意宠物形象特征的提炼是否具有个性化和独特性，其形象的成功与否会影响该品牌旗下此后开发的包装设计产品。

以动漫卡通形象作为包装设计的主画面

百度卡通形象用于礼品包装

　　这组以动漫卡通图形为主要视觉元素的包装设计主展示面全部运用各种人物图形，每个人物造型都个性鲜明、呆萌可爱，令人爱不释手。

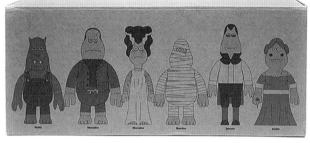

卡通人物造型个性鲜明、呆萌可爱

3.1.3　包装的字体设计

　　商品包装可以没有图形，但不能没有文字。商品的许多信息内容，只有通过文字才能准确传达，如商品名称、容量、批号、使用方法、生产日期等。在产品包装上，消费者可以凭借文字认识了解商品的信息正确理解产品的品牌及相关内容和使用方法。文字作为产品介绍的重要媒体，是包装成功的关键因素之一。

　　文字是包装设计中一个重要的组成部分，是最直接的销售手段。文字在商品包装中同时起到两个作用，一是对商品内容的说明；二是对商品形象的表现。

字体设计

包装设计在通过字体的形象来表现设计内容时，它的任务也有两个：一是选择或设计适合表现设计内容的各种文字字体；二是处理好它们相互间的主次关系与秩序。

无论使用何种字体，设计中的文字都是识别符号，具有内容识别和形态识别的双重审美功能。字体设计应与包装的整体设计风格相谐调，应与品牌形象设计相统一。

1. 字体设计的原则

(1) 易读性。文字是几千年来经过人们的创制、流传、改进而约定俗成的，不能随意改变。文字的形体结构必须清晰正确，不能随意变动其结构、笔画，使人难以辨认，字体设计要具有较强的识别性，在整行整幅的文字中，应有其整体的美感，字距、行距和四周的空白要安排得当，视线流动明确可循，才能提高阅读效率。

埃及象形文字

(2) 艺术性。文字是由横、竖、点、圆弧等线条组合成的形态，在结构的安排和线条的搭配上，如何运用对称、平衡、对比、韵律等美的原理绘写出和谐、美观的文字，是字体设计的重要课题。文字的字体设计要有整行、整幅的文字整齐统一，同时需具有统一的风格，才能以它的艺术特色吸引读者。

(3) 思想性。字体的设计要从文字的内容出发，使之生动、确切地体现文字的精神含义，表达内容及内在含义。字体要在继承传统的基础上，与我们的时代精神和设计者的独特个性相联系，设计出富于创造性的字体，兼具传统与个性的风格。

文字的易读性、艺术性、思想性是相辅相成的，有艺术性的字体不仅加强了易读性，也突出了思想性。

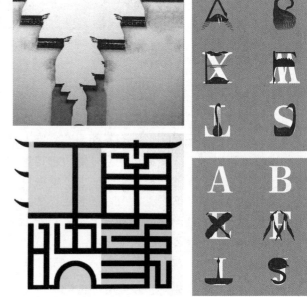

象形的字体设计　　　　字母与天鹅图形
结合的字体设计

2. 包装设计的文字

（1）基础文字。基础文字包括品牌名称、产品品名和企业名称，一般安排在包装的主要展示面上。品牌名称有规范的字体和模式，品名文字可以进行装饰变化，也是包装字体设计的用武之地。现今的设计，内容的变化及形式的转换非常快，文字设计亦必须顺应潮流，不断创新。

品牌名称字体设计

（2）资料文字。资料文字包括产品成分、容量、型号、规格等，编排部位多在包装的侧面和背面，也可安排在正面。设计一般采用印刷字体。

（3）说明文字。说明文字是说明产品用途、用法、贮存、注意事项等，通常不编排在包装的正面。设计一般采用印刷字体。

（4）广告文字。广告文字是宣传产品特点的推销性文字，内容应诚实、简洁、生动，其编排部位较灵活。

品牌名称字体设计

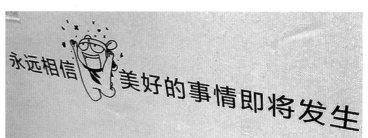

小米产品的包装上总会有励志的广告语

包装手提袋上的字体设计与广告语

带广告文字的包装

象形字体设计

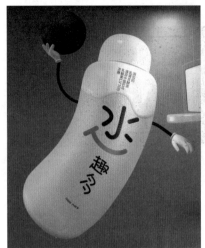

包装上有趣独特的字体设计
能够撑起一幅广告的主画面

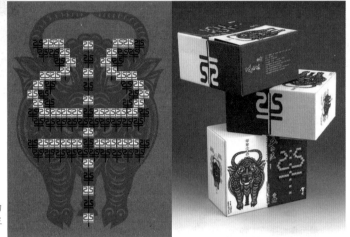

以篆体牛字为
元素演化的生
肖包装设计

◆ 3.1.4 包装的图形图像设计

包装中使用的图形图像主要分为具象类、抽象类、创意类和装饰类。对包装设计师来说，最具有挑战性的是创意图形图像的设计，可运用的创作手法也有很多。

1. 创意图形图像的表现形式

（1）嫁接。图像中形的嫁接并不是两个事物简单相加，而是把形象或意义上不同的事物，通过分析找出它们之间外在或内在的联系，组合在一起，形成全新的视觉形象。

（2）同构。同构是利用事物之间的某种属性关系和相似关系传递信息，是一个系统的结构和意义可以利用另一个系统表现出来，即找出事物之间的相似性。

（3）共生。共生指两个互无关系的事物，通过结合而产生了新的形态。

（4）超现实。超现实是指在真实中看到的幻象。所有神话、童话、寓言，其实都饱含着超现实的成分。

利用图形同构的方法设计的创意图形

（5）变异。客观世界的运动已经在人们的意识当中形成了固有的规律，我们把它相背离，如软变硬、固体变液体、液体变气体等，则可给观者以视觉的震撼。

（6）替换。替换是将人们普遍认同的事物，经过再度改造进行局部转换，使人产生既熟悉又陌生的感觉。可以保留部分形象，另一部分被新的形象替换。

（7）断连。为了加强视觉冲击力和形式感，可将整体形态按一定的规律打散、重组、切断、移动或延长变形，使形态出现动感和断连的视觉效果，有时主体形象会出现跳跃感和节奏感。

下面是香奈尔香水的包装盒，其利用了图形的替换表现形式进行设计，用花朵替换香水使画面意境悠远，又点明主题。香水包装运用独特的局部亮UV印刷工艺，给人产生花香四溢的感觉。

使用断连图形设计的
瓶子更显节奏感

香奈尔香水包装盒的创意图形设计

2. 图形图像的类型

图片的来源主要有三种，即手绘图片、摄影图片，以及计算机虚拟图像(包括3D图像、矢量图形)。

（1）手绘图形。手绘图形能够随心所欲地表现对象，无论是幻想的、夸张的、幽默的、情绪的，还是象征化的情境，都能自由表现处理。作为一个插画师必须完全消化包装设计的主题，对产品有较深刻的理解，还应根据表现对象的要求加以取舍，使图形形象比实物更加单纯、提炼、完美，才能创作出优秀的包装手绘图形插画作品。

手绘图形的设计变化可分为具象图形、抽象图形、创意图形和装饰图形(包括装饰图案和装饰绘画)四大类。

手绘具象图形的水果包装设计

使用青花装饰图案的包装设计

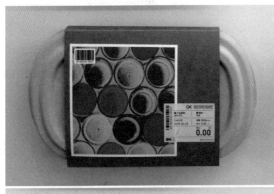

使用抽象图形的包装设计

使用装饰绘画的酒瓶包装设计

　　下面的月饼包装盒，盒体主展示面全部运用抽象几何图案，简洁明快，色调清雅。其设计的另一大亮点，是印刷工艺和材质的运用，银箔纸与镭射材料突显包装的高贵感，可谓匠心独运，创意独特。

以抽象几何图案为主要视觉元素的月饼包装设计

采用装饰绘画作为包装的主要视觉元素，设计师自由发挥的余地很大。下面是电商互联网公司推出的月饼礼盒，其创意包装采用了装饰绘画手法进行设计，用以彰显年轻、自由、个性，也符合公司的特点与经营理念。

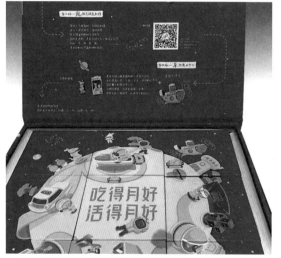

美团网月饼礼盒使用装饰绘画进行包装设计 　　 KARMA 颉摩广告公司月饼礼盒使用装饰绘画进行包装设计

（2）摄影图像。摄影图像是常用的一种插图形式，因为一般消费者认为照片是真实可靠的，它能客观地表现产品。摄影图像也不是纯客观的写实，作为包装摄影插图，与一般艺术摄影的最大的不同之处就是它要尽量表达设计的特征。

摄影图像应该能够把视觉语言要素极逼真、极清晰地呈现出来，对所描述的事物有极强的表现力，这是摄影图像的特性，它对视觉会有很强的冲击力，对心理也有很大的震撼力。摄影图像能够真实地表达产品形象，表现丰富的色彩层次，它在包装上的应用日益广泛。

带有麦穗图案的谷物饼干照片已作为焙朗包装上独特核心的识别形象出现，而不单单只是产品照片

　　下面这四幅图是为时尚品牌Kenzo Ki皮肤保健品包装而设计的图像，图像分别为竹叶、生姜花、白荷花和大米，其特点是用摄影直接成像的方式暗示出产品的主要成分。这种抽象化的光影图像很好地传达了产品性质和品质，视觉表现力极强，又能引起消费者的好奇心。

  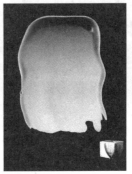 

为时尚品牌Kenzo Ki皮肤保健品设计的图像

　　极简主义的表现手法是现在比较流行的增强摄影图像视觉表现力的重要艺术手段。人们的眼睛喜欢的是把各种物体简化到最基本的形式，所以图像的表现力取决于创作者对视觉要素的提炼能力，把局部从整体中提炼出来的能力，把与主题表现无关的元素舍弃掉，强化最有表现力的那部分要素，简练而不简单。

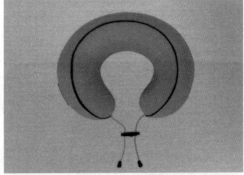

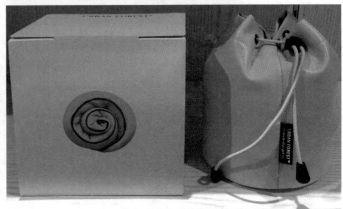

包装上强化的摄影图像简练有力　　　　　　　　简洁的图像更有意味

　　最常用的摄影图像的表现方法为强化，强化的手段也有多种：微距强化，即用微距镜头进行局部细节的强化表现，从微观的角度来看待事物，挖掘新的形象；虚实强化，也称聚焦强化，即聚焦于主体物，强化其清晰度，使主题突出；光影强化，也可称聚光强化，即光聚会于一处，使其他物体隐在暗处，用以强化突出主体；褪地强化(高反差强化)，即褪去背景或单纯的白地、黑地，没有视觉干扰更能衬托出物体的细节。

　　此外，还可以通过摄影后期处理技术等实现图像强化：连续影像强化，用摄影的多次曝光技术，把多个影像曝光在同一幅画面中，形成连续的影像，以加强印象；对比强化，也称衬托，是增加参照物的强化手法，小可以衬托大，软可以衬托硬，粗糙可以衬托光滑等；视觉要素强化，将影响情绪的视觉要素(点、线、面、色彩)进行剖析，提取后再组合叠加，组成各种可能的新形态；极简主义的表现手法，是用逆光的手法只勾勒出物体的轮廓，画面极其简洁，同时也很好地表现出了产品的质感和亮度；强化与取舍，在原始素材的基础上进行取舍，把最有表现力的、最生动的、最有说服力的部分进行强化，大胆舍弃其他多余的部分，把观看者的注意力最大限度地集中在主体上。

　　(3) 虚拟图像。虚拟图像是由计算机生成的。

3.1.5　包装的图文编排

京东虚拟图像

1. 包装版面的图文编排

　　包装版面的图文编排是设计的重点之一，包装设计的视觉传达要素包括商标标志、形象代言人或形象大使、吉祥物、字体、图案、图形、摄影图像。版面图文编排是将各构成要素的均衡、调和、动态、视线诱导、图地关系等进行组合设计。

　　设计编排一般的顺序为：根据构思决定各构成要素在包装版面上的比重；根据画面来选择需要编排的内容；依照版面的重心关系决定要素的位置安排；确定文字与插图的大致比例关系。

图片和文字编排信息充分，基本可代替产品说明书

简洁的图形和文字编排

在设计中，文字和图形的作用尤为重要，它在视觉传达上效果直接且使人印象深刻。设计要注意既醒目也要符合包装表现的统一风格，品牌标志(标准字)、产品商标和形象大使都要体现品牌形象的核心要素，在编排中必须加以重视。对于彩色版面的设计，还必须注意统一的色彩风格和体现正确的色彩含义。

这套干果系列包装设计，画面元素包括装饰绘画、摄影图像、标识图形、文字、系列色彩等，使用图文编排的设计技巧把诸多元素统一起来，充分传达出丰富的视觉信息与画面内容

包装展示面的图文编排为：包装主展示面上展示的信息，包括商标、形象代言人或形象大使、吉祥物、商品名称、生产厂家名称、产品性能及标准、净含量、生产日期、批准文号、相应图形、色彩和其他必要说明；包装的辅助面上展示的信息，包括商标、商品名称、生产厂家、产品说明、识别条形码、二维码、相应图形、色彩等。

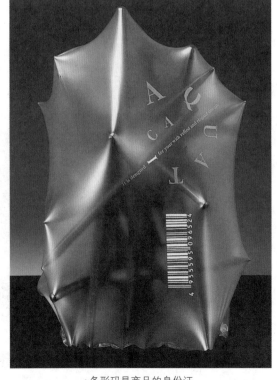

条形码是商品的身份证

2. 包装图文版面编排的方法

图文版面编排从画一条直线开始，这条直线代表标题，将它四处移动，改变直线的比重与长短，寻求最具动感与张力的构图；变换文字字体并感受不同字体的形态，将标题与图形结合起来，不断调整标题与图形的比例关系，实验各种变化的对比效果，考虑所要加入图形与图像的形状与位置。

下面这款包装主画面基本包含了全面的信息。

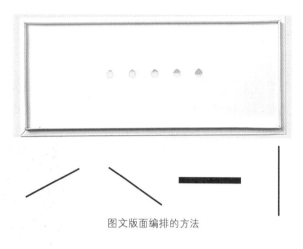

图文版面编排的方法

品牌名称：光明

动漫人物图形

商品名称：莫斯利安

产品名称：酸牛奶

产品特性：益生菌种发酵
加工工艺：巴氏杀菌

净含量：200克

背景图案：雪山
色彩：白色、红色、藏蓝、金

（1）文字排列方式。垂直与水平方向排列的文字稳重、平静，倾斜的文字动感强，绕图文字活泼生动。通过不同文字方向的编排组合，可以产生十分丰富的变化。

（2）图形编排方式。包装图形在促销商品上与文字有着同等重要的作用，在某些包装设计中，图形甚至比文案更重要。在设计中依据所需传达商品信息的不同而采用不同的表现手法，包括写实法、对比法、夸张法、寓意法、比喻法、卡通法、系列法、传统装饰法等。

3. 包装的图形设计功能

包装图形在版面设计中主要具有吸引功能和诱导功能。

(1) 图形的吸引功能，是指吸引消费者的注意。最好的图形设计应是简洁明了、便于读者抓住重点的图形。一些图形设计师通过"藏文法"来测试图形的表达能力，即把版面的正文和标题等掩盖起来，让读者只见图形，看其能否了解版面所要表达的内容。

(2) 图形的诱导功能指抓住消费者的心理反应，把视线引至文案。好的图形应能将内容与消费者自身的实际联系起来，图形本身应使消费者喜欢和感兴趣，画面要有足够的力量促使消费者想要进一步得知有关的细节内容，诱导消费者的视线和兴趣从图形转入文案，再至包装的内容和商品本身。

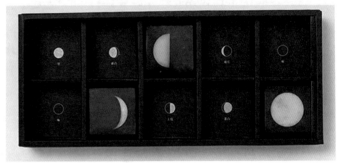

一款具有东方古典神韵兼顾现代美学的月饼包装，点的编排运用

4. 包装版面编排引导视觉流程

版面是有秩序地先后被传达给读者的，根据人的阅读习惯，视线的转移一般是自上而下、自左而右进行的，人在版面上最先注意到的区域称为最佳视点，它往往在版面的中上部，视线是沿着最佳视点自上而下、自左而右移动的。视觉流程就是利用人的这种自然阅读习惯，有意识地引导视线按所安排的顺序接受信息。在流程上的空间称为"有效空间"，在设计中要注意尽量突出，并牢牢抓住不放；不在流程上的空间称为"无用空间"，要放松，使之不要干扰视线流动。而编排就是在视觉流程中有意识地把主要的信息强化并加以发展，利用图形、文字、色彩等基本要素使所要表达的信息主次分明，一目了然。

散点式流程，多个视觉元素的全景展示

重心诱导，以重心位置强调视觉主体

视觉元素中包括的文字、插图、线条等虽是静止的，但人对版面的阅读是一个动态的过程。视觉流程是指对这个过程的有机化和秩序化处理的基本技法，帮助视觉传达设计师穿透点、线、面，以及烦琐的造型、色彩、图形、质感等，通往视觉创造的道路。视觉流程分类包含如下几方面。

(1) 位置关系流程：线性流程，清晰、有条理。

(2) 形象关系流程：以视觉形象的吸引力与心理意境来烘托，视觉主体多采用形式语言的对比(明度、色彩、空间等)来衬托主体形象。

(3) 重心诱导流程：以重心位置强调视觉主体。

(4) 散点式流程：多个视觉元素的全景展示。

(5) 导向诉求流程：以明显或潜在的方向推移结构，指示出视觉主体。

导向诉求流程

3.1.6　包装的色彩设计

"颜色知觉对于人类具有极其重要的意义，它是视觉审美的核心，深刻地影响着人类的情绪状态。"包装上的色彩是影响视觉最活跃的因素，因此色彩对于包装非常重要。

色彩情感的易变性与多样性决定了包装色彩情感表现需要个性化，这种情感变化给设计师提出了挑战，促使他们在进行色彩设计时需要克服常规的色彩思维模式，多角度、多视点地丰富包装色彩的设计语言，从而充实包装色彩的情感内涵。包装要从色彩上体现出对人性的尊重与关怀，并带给人们一种或温暖或清凉的和谐、舒适的色彩体验。

系列产品渐变色包装　暖色系食品类包装设计　同一品牌不同产品使用同一色系　黑与黄的对比色彩强烈醒目

1. 色彩个性化组合

包装色彩设计一直以来受惯性联想思维模式左右，同一类型的商品往往包装色彩趋于程式化，长期固定在某一种雷同的视觉效果里。在这种程式化中，商品的包装色彩必然会丧失掉宝贵的独特性。随着人们审美情感的不断发展变化，大家都更加倾向于具有个性化的色彩组合，越来越渴望在包装的色彩中找到一种新奇的感受和微妙的体验。

例如，由美国设计师Eulie Lee所设计的Mayrah品牌的酒瓶，运用了大量的鲜亮色调，使酒瓶能够在众多同类商品中一下映入人们的眼帘。

Mayrah酒瓶色彩强烈饱和度高

这套包装使用协调的淡雅紫色调，营造一种
舒适、轻松的色彩环境

2. 色彩品牌化

包装上色彩的独特性、色彩情感表现的个性化，可以作为一个品牌的标志。使颜色标志化和品牌化，是包装设计成功的重要因素之一。

例如，蒂芙尼品牌的色彩使用特殊的孔雀蓝，这种色彩给人华美高贵的感觉，符合其奢侈品牌定位的特性，已成为该品牌的标志性色彩，是构成其品牌的核心要素之一。这种色彩在蒂芙尼品牌的包装、广告、宣传样本等任何场合统一出现，使人印象深刻。

孔雀蓝是蒂芙尼品
牌的标志性色彩

3. 色彩系列化

成功的包装设计在很大程度上依赖于使用了具有独特个性的色彩并使之系列化。

例如，naturya系列产品的标志图形和色彩设计极为简练单纯，而其食品包装却色彩缤纷，同一品牌在图案相同情况下使用强烈的对比色用以区分品种或口味。颜色使用的系列感很强，一组包装并排展示，整体效果抢眼。

naturya系列产品包装效果展示

4. 色彩的通感

色彩是有味道的，这是基于移觉的生理与心理现象，作为视觉的色彩在一定条件下可转化为味觉体验，这在食品饮料包装中最为常见，常用的手法有色彩的味觉仿真，就是利用色彩的属性和象征性进行味觉的视觉表达。人们通过经验总结出了不同味道所具有的色彩特征，如红色给人"酸"的味觉感受、橙色会引发"甜"的味道。使用较深的颜色作为包装的主色调，容易让人产生醇厚、浓香等感受；采用高饱和度、高纯度色彩的组合，更容易引起人们对食品新鲜感的联想。

例如，naturya食品包装在色彩的使用上，先将总色调设计得明快、鲜艳，给人一种健康、有活力的感觉，然后使用三种对比强烈的颜色象征三种口味与种类，同一品牌在图案相同情况下使用强烈的对比色用以区分品种与口味，或甜或酸或涩，在很短的时间内即可唤起消费者的共鸣。此外，使用系列性的颜色，三个一组并排展示，整体效果较好。

naturya食品包装的色彩使用

5. 包装色彩设计的注意事项

(1) 包装色彩能否在竞争商品中有清楚的识别性。

(2) 色彩设计是否能很好地反映商品内容。

(3) 色彩是否与其他设计因素和谐统一，有效地表示商品的品质与分量。

(4) 色彩设计是否为商品目标受众所接受。

(5) 颜色是否具有较高的明视度，并能对文字有很好的衬托作用。

(6) 单个包装的色彩设计效果与多个包装的叠放效果是否和谐。

(7) 色彩在不同市场、不同陈列环境是否都充满活力。

(8) 商品的色彩是否不受色彩管理与印刷的限制，效果如一。

3.1.7 包装的视觉传达设计案例分析

1. 以品牌标志为主要视觉元素的包装设计

(1) 瑞幸咖啡品牌包装设计。这组咖啡包装提袋与杯身的图案主展示面全部运用品牌标志"鹿"的图形，简洁单纯，形象突出醒目。区别于星巴克，瑞幸咖啡是一个以外卖为主要经营定位的新进品牌，标志选用善于奔跑的鹿的形象也符合了其经营理念。其包装也会考虑到外卖运输的特点，在其杯子与提袋包装设计中加入了保护装置。

瑞幸咖啡品牌包装设计

(2) 庆王府品牌形象与包装设计。庆王府为欧式小洋楼建筑，其内部装修则是中式传统风格，庆王府品牌标识的设计把二者风格统一在一起，把字体、中式图案与欧式建筑图形组合构成整体品牌标识。庆王府酒的包装设计主要以字体标志与建筑图形为主展示面图形元素，再配以红、黑、金等色彩，使包装呈现古色古香的整体效果。

庆王府品牌标识设计

庆王府酒包装设计

2. 以摄影图像为主要视觉元素的包装设计

这款鞋类包装提袋设计的主展示面以具有广告理念的摄影图像为主要视觉元素。图中用一个被拧成麻花形状的鞋子，证明鞋子的柔软度和内在的高质量。图像设计采用夸张与强化的手法，加上颜色采用强烈的对比色，整体画面强烈突出，简洁有力，给人以极大的视觉冲击，令人过目不忘。

3. 以字体为主要视觉元素的包装设计

以笔者设计的这套道草堂酒包装为例，其企业及产品理念与字体设计理念分析如下。

鞋类包装提袋设计

道：道法自然，即崇尚自然，遵循自然规律。

草：自然界植物的代表，生命力极强，生生不息，代表自然界的力量和规律；草本天然，草亦有其天然之道，百草治百病。

人：须遵循自然规律、生命规律，最大限度接近自然，并与自然相结合，还生命最原始的生命力。

酒：中国具有千年的酒文化，酒本源于自然谷物，亦是源于自然，是人们崇尚自然、发现自然、利用自然规律的产物。

道草堂酒业有限公司将纯天然植物的自然健康因素与养分，与优质精酿的纯粮食白酒有机结合，一款既不失白酒风格又有益健康的新概念配制酒，充分诠释人崇尚自然，遵循自然规律，利用自然创造健康生活的理念。

道草堂品牌标识以字体设计与八卦图、太极图元素相结合，充分体现了品牌的内涵。

道草堂酒品牌标识　　　　将八卦与太极的理念注入产品包装　　　　其他设计元素

以中国山水画作为辅助图形也契合了"道法自然"的理念

包装的主展示面视觉元素为反白字体设计　　　　正侧面展开图　　　　道草堂酒整体设计风格

4. 以动漫卡通形象为主要视觉元素的包装设计

下图是日本筑波大学设计学院学生的毕业展作品"桌上菜园"。作者通过观察研究生活中人们饮食结构的变化，发现现代人蔬菜摄入量比之前逐渐减少，这会影响人们的健康。作者认为各种蔬菜均对人的健康有利，因此提倡多吃蔬菜的健康饮食，并做了蔬菜的栽培试验。

这组包装采用拟人拟物的手法，把各种蔬菜模拟为不同动物并设计卡通形象，将卡通形象作为主要视觉元素应用于包装上，用单纯的底色衬托立体感很强的动漫图形，使其更加突出，也让包装的色彩非常鲜艳。

带着一颗童心进行设计使形象生动可爱

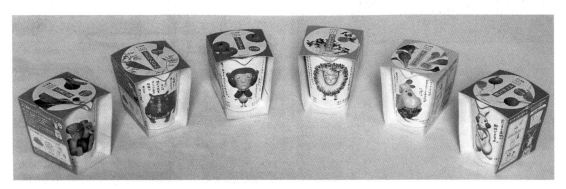

动漫形象作为包装盒的主要视觉元素

5. 以人物装饰绘画为主要视觉元素的包装设计

义聚永水浒酒的包装设计以《水浒传》中人物形象绘画与文字标识、传统图案为主要视觉元素，装饰性极强，使包装整体丰富多彩、可看性极强。

义聚永水浒酒瓶俯视

义聚永水浒酒瓶造型与图案展开效果图

义聚永水浒酒整体设计效果

6. 以平面图形为主要视觉元素的包装设计

下面是以平面图形为主要视觉元素的包装设计，画面简洁，背景单纯，设计感很强。

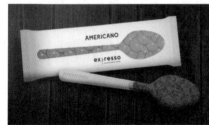

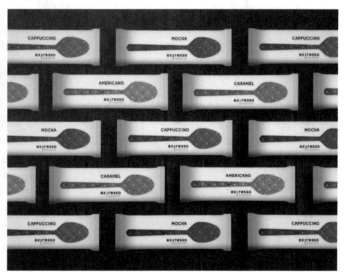

AMERICANO expresso咖啡产品包装设计

7. 以超现实的图形为主要视觉元素的包装设计

这是RICE ENOIR SAKE设计简报中的模型(一个提议的包装理念)。这个设计源于日本小镇"濑户内海"的宣传片，设计者从当地的渔业和酿酒业中找到了绘画灵感。这幅插图运用超现实主义的方法，描述了一个关于酿造清酒的渔夫的故事。

这款清酒的包装设计视觉传达要素包括米粒标志、英文字体、独特的人鱼核心图形、图文编排、瓶型、盒形结构、透明度很好的白玻璃瓶、木质瓶盖及丝质封条，整体的黑白色彩使品牌调性悠远而宁静。

图形在包装上的应用组合

超现实的图形是核心视觉形象元素

8. 以装饰图形为主要视觉元素的包装设计

时果记为鲜果品牌，其包装的创作概念是将传统的团花纹样、四方连续纹样进行再设计，并融入了鲜果元素，将传统图形与现代包装设计进行了一次结合。通过创新的图形构法，重新阐述了传统纹样在现代包装里的创新及应用。

以装饰纹样为视觉形象元素的包装设计

9. 以装饰图案为主要视觉元素的包装设计

下图为电通安吉斯广告公司为进行企业形象宣传，在中秋节推出的月饼包装，采用艳丽的装饰图案进行主要画面的设计，色彩缤纷、不落俗套，给人以华丽高贵的感受。

图案组合色彩缤纷，更显华丽

10. 以视觉识别系统为理念的包装设计

可口可乐在全球几乎每经历几年就会对商标及包装等一系列视觉识别系统(VI)的内容进行修改和更新，以适应不断变化的市场口味。这种变化保持着一种渐进的尺度，即革新的同时审慎地保留先前积累的品牌资产可使VI的演变路径呈现出优美的过渡，没有断裂和跳跃。

可口可乐及旗下品牌视觉识别系统的核心综合要素是：CocaCola英文书写字体；Coke品牌名称；红色标准色；独特的可乐瓶形；旗下品牌扩展有雪碧、芬达等。从可口可乐公司旗下主要产品的包装中，我们不难看出公司为了保持产品包装的系列性所做的努力。

可口可乐系列产品

3.2　包装的形态结构设计要素

包装的形态结构设计要素，包括形态设计、结构设计、材料设计。

 3.2.1　包装的形态设计

包装应有适宜的形状，有个现象是值得关注的，超市货架上的一类产品的外包装棱角分明，而另一类产品的包装则四角圆润，圆角的卖得总是要比直角的快一点，为什么呢？因为人会本能地认为直角包装会更容易划伤皮肤，这就是为什么圆角的产品要比直角的产品更加畅销。

形态要素就是商品包装展示面的外形，包括展示面的大小尺寸和形状。我们在研究产品的形态构成时，必须找到一种适用于任何性质的形态，即把共同的、规律性的东西抽出来。形态是由点、线、面、体这几种要素构成的，商品包装的形态主要有圆柱体类、长方体类、圆锥体类及其他类型。商品包装设计者必须熟悉形态要素本身的特性，并以此作为表现形式美的素材。

有机形态首饰包装盒

球体组合瓶形　　　圆柱体瓶形　　　　　　心形铁盒　　　　　　　　保龄球瓶流线型之美

包装设计中一个重要的设计元素是包装的造型，奇特的造型往往能给消费者留下深刻的印象。与其他诸如建筑设计、工业产品设计的道理一样，包装的盒形设计、容器造型设计都是由其本身的功能来决定的，即根据被包装产品的性质、形状和重量来决定形态。将立体构成的原理合理地运作于解决商品包装的造型结构设计中，是较为科学的一种设计手段。

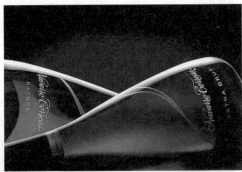

系列橄榄
油瓶造型

瓶子的形态美是多种多样的

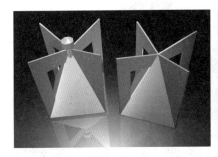

圆形边角的瓶子手感更好

尖角与圆角包装形态

1. 容器造型设计的常用方法

容器造型设计是一门空间艺术，通过运用各种不同的材料和加工手段在空间中创造立体形象。

（1）雕塑法容器造型设计。雕塑法是容器造型设计的基本手段，即先确定基本造型，然后进行形体的切割和黏合。其基本造型的定位来源于几何形体，如球体、圆柱体、锥体等。立体构成中的柱体结构主要体现在柱端变化、柱面变化和柱体的棱线变化三个方面，因此在设计时应该考虑这些特点，采用相应工艺对各部位进行切割、折屈、旋转、凹入等处理，以便塑造瓶体。

蛋壶(chema Madoz作品)

酱油瓶(柳宗理作品)

陶瓷瓶坯烧制现场

（2）计算机建模容器造型设计。我们可以用计算机建模的方式进行容器的造型设计，实施形态练习。使用计算机建模制作的造型相比实物模型缺少直观性，我们可以通过3D打印或石膏模型两种方式打造实物样品。

3D打印又称增材制造，是一种以数字模型文件为基础，通过逐层打印的方式来构造物体的技术。增材制造可以产生复杂的形状和结构，几乎任何静态的形状都可以被打印出来。

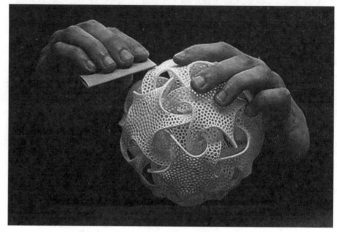

3D打印技术几乎可制作任何静态的形状和结构

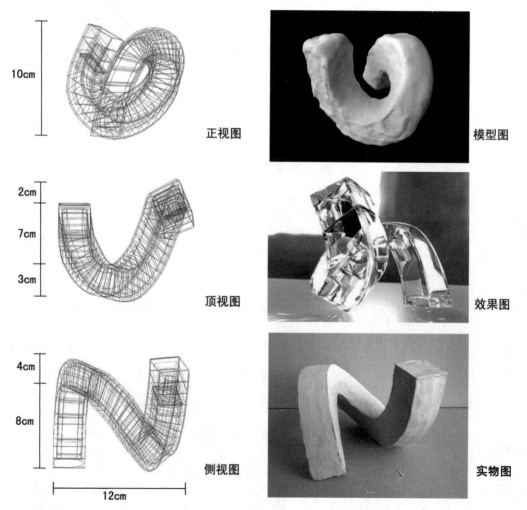

正视图　　模型图

顶视图　　效果图

侧视图　　实物图

3D打印技术构造实物

　　石膏模型制作是传统的减法制作方式(有选择性地去除材料)，它是用半水硫酸钙材质并加适当颜料添加剂制造而成。这是一种既实用又廉价的模型制作方式，易于保存，能较好地表现、传递和保留产品设计的形态。

石膏模型结构练习

石膏模型的制作

　　(3) 模拟法容器造型设计。模拟法是容器造型的一个重要设计手段，即直接模仿某一物质的形态，以增强商品的直观效果，吸引消费群体。这类似于立体构成中的仿生结构，对于反映五彩缤纷的现实生活，丰富完善我们的表现能力提供了较好的帮助。

冰山造型的依云水瓶

绿植造型的香水瓶

日本著名设计师高田贤三设计的晨曦新露香水是一款东方花香调女性香水，瓶身设计成一片冰洁剔透的叶状，散发出的金黄荧彩，宛若快乐地接受阳光洗礼的铃兰叶，在微风中自在展露着优雅姿态；其平放时所展露的优美曲线，又如一位随意轻躺在草原上闲憩的美丽少女，飘逸却散发出独特的个性美。搭配精致圆润的瓶盖，简洁而高雅。

晨曦新露香水瓶身设计成冰洁剔透的叶状

日本著名设计大师三宅一生设计的女士香水"一生之水"，以其独特的瓶身设计而闻名。三棱柱的简约造型折射出阳光穿过水的光影魅力，简单却充满力度，玻璃瓶配以磨砂银盖，顶端一粒银色的圆珠如珍珠般迸射出润泽的光环，高贵而永恒。

三宅一生推出的经典之作"一生之水"

2. 中国传统元素与容器瓶形设计

在中国传统文化中，茶与道似乎有着不解之缘。下图的日用瓷造型，是以"有无相生"(出自《老子》)为设计理念，结合传统青瓷工艺制作的茶具。

以传统文化为设计理念的瓷造型

在古代，陶瓷器就是酒的最好载体，中国的陶瓷文化源远流长，借鉴传统陶瓷器皿造型的特点，运用在现代酒瓶的造型中可以成为设计的新思路。例如，梅瓶的曲线柔美、造型典雅，青花瓷的高雅清淡、低调奢华，无疑很适合作为清香型白酒的酒瓶瓶形。

酒瓶的造型设计借鉴了中国传统瓷器的造型

3. 创造性思维在形态设计中的运用

创造性思维是人类的高级心理活动，在设计中主要是依靠想象力与发散思维来实现。想象力是运用大脑中储存的信息进行综合分析、推断和设想的思维能力；发散思维是人的思维无限延展，在各种设计元素中寻找创造性成分。

在形态设计中，形态的相似性起到很大作用。例如，一款高粱酒的瓶形设计，利用发散思维可找出多种造型，选择葫芦瓶形是因为酒瓶与葫芦形态相似，而且葫芦的谐音使人联想到福禄寿的寓意。再如，利用形态的相似性想象设计的流线型女儿红酒瓶造型，给人女儿家亭亭玉立的感觉。

葫芦造型及包装　　　　　　　　女儿红瓶身造型使人产生联想

创造性思维能打破常规，形态设计中的创造性思维将艺术与造型融合，既有审美性，又有实用性。以下是一些利用创造性思维设计的作品。

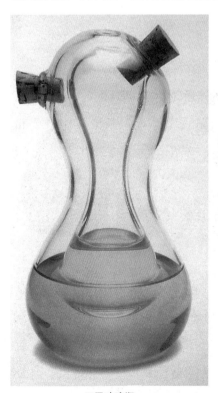

陶饮用水瓶造型

毕加索陶塑造型

双层玻璃瓶　　　　　　　　古拙原始陶器　　　　　　　　蛇形酒瓶造型

　　需要强调一点的是，包装的容器造型设计与工业产品设计有相通的地方和设计方法，但它们之间还是有区别的。它们之间最大的区别是包装在一次使用或多次使用后，在完成主要的盛载功能后就无使用价值了，就会被丢弃。而工业产品不同，只要不坏不漏，其使用功能会一直存在，可反复长期使用。例如，当人们喝完一瓶酒会把酒瓶扔掉，而酒杯会洗刷后留下以备再用。这里的酒瓶属于包装的容器造型设计范畴，而酒杯则属于产品设计范围。有时候它们之间的界限是模糊的，随着现代人们生活节奏的加快及新材料的不断涌现，兼具多功能设计的器具也越来越多，如方便面的纸碗既具有包装功能又具有使用功能，只不过它作为碗的使用功能是一次性的。当然，跨界也是设计界的时尚潮流，如当可口可乐把易拉罐变为玻璃材质做成杯子，或把可乐瓶拦腰切断，其下面部分就是杯子。当由瓶罐变为杯子的时候，其功能也悄悄转换了，由盛载转为了使用。有时候设计需要逆向思维，打破固定思维与认识模式才能产生新的创作灵感。

逆向思维模式下，凹进去的提包印迹也是创作的素材和作品

可口可乐瓶拦腰切断就是杯子

可口可乐罐造型的玻璃杯

◆◆▷ 3.2.2　包装的结构设计

　　将立体构成的原理合理地运用于解决商品包装的造型结构设计中，是最常用的一种设计手段，其关于多面体的研究在于寻找多面形体的面与面之间的变化规律，探索形体面的变化与材料强度的关系。包装设计造型的另一个要素是包装的盒形，其结构是由包装本身的功能来决定的，即根据被包装产品的性质、形状和重量来决定。

（1）常规形态的盒形结构。常规形态的盒形结构设计通常以点接、线接、面接三种方式出现在盒盖、盒身和盒底结构中。以盒底为例，盒底是承受重量的部分，考虑到其受抗压力、震动、跌落等因素的影响最大，较适宜于面接，利用各面的互相栓结和锁扣等方法，使盒底牢固地封口、成形，这种结构能包装多种类型的产品。

包装盒是一个立体的造型，它的成形过程是由若干个组成面的移动、堆积、折叠、包围而形成的。立体构成中的面在空间中起分割空间的作用，对不同部位的面加以切割、旋转、折叠，所得到的面就有不同的情感体现。平面有平整、光滑、简洁之感；曲面有柔软、温和、富有弹性之感；圆的单纯、丰满；方的严格、庄重……而这些恰恰是我们在研究盒形结构时所必需考虑到的。

圆桶形包装盒

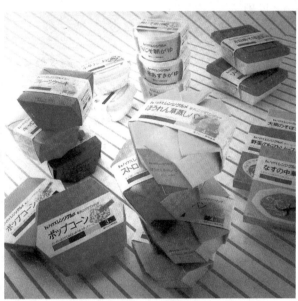

包装盒结构可以多种多样

运用包装盒形的折叠、伸展变化，可使之具有展示产品的功能。

具有展示功能的盒形结构

酒包装盒形结构

酒包装的裱糊硬盒结构

(2) 异形盒结构。异形的包装形式在视觉上呈现出强烈的个性特征,如圆形、五边形、六边形、八边形,以及不规则形等样式,结构复杂,对印刷工艺要求很高,有的甚至需要纯手工制作。由于异形盒独特的外形,对消费者具有很强的吸引力,已逐渐成为企业增加卖点、提高产品竞争力的手段之一。下面几组包装设计中的异形盒结构,会给消费者带来新奇感。

异形盒结构包装设计

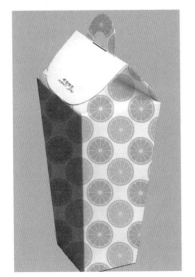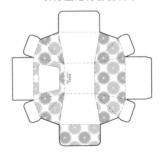

异形盒结构展开图

  目前，AutoCAD等交互式图形软件能够满足异形盒结构设计的特殊要求，可方便地调用盒片图形库和选择满意的盒形结构。在输入盒体尺寸(长、宽、高)和纸板厚度后，可立即显示或打印盒片结构图，自动排料，并输出盒片模切排料图、印刷轮廓图和背衬(底模)加工图；当用户设计或调用所要求的盒片结构图后，只要输入纸板幅面尺寸和排料间隙，便可排料，并比较不同排料方案，显示优化模切排料图及有关参数(如排料个数、纸板利用率等)。

  下面介绍几款异形包装盒结构及展开平面图。

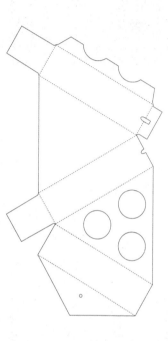

包装设计盒结构及展开平面图(1)

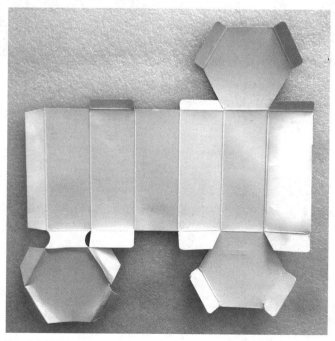

包装设计盒结构及展开平面图(2)

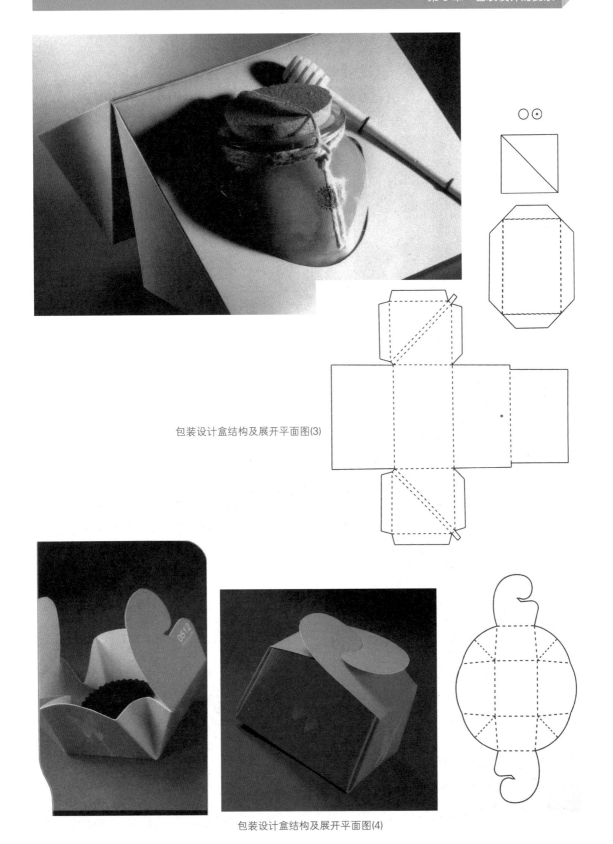

包装设计盒结构及展开平面图(3)

包装设计盒结构及展开平面图(4)

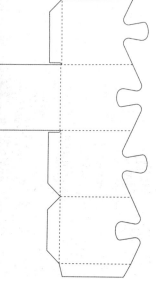

包装设计盒结构及展开平面图(5)

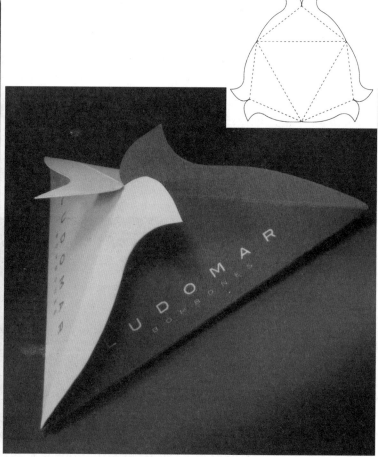

包装设计盒结构及展开平面图(6)

◆◆◆ 3.2.3　包装的材料设计

材料要素主要指商品包装所用材料表面的纹理、肌理和质感，它往往对商品包装的视觉效果产生巨大影响。

包装多使用诸如纸类材料、塑料材料、玻璃材料、金属材料、陶瓷材料、竹木材料，以及其他复合材料，它们特性不同，质地肌理效果也不尽相同。在设计时运用不同材料妥善地加以组合配置，可给消费者以新奇、传统，简约、豪华等不同的感觉。材料要素是包装设计的重要环节，它直接关系到包装的视觉效果、整体功能、经济成本、生产加工方式及包装废弃物的回收处理等多方面的问题。

现在包装市场上的材料五花八门，根据不同的商品，设计师会选择不同的包装材料进行包装。例如，利用材料的透明性，产品生产厂家既可以表白自己的诚实与对产品自信的坦然态度，又可以有效避免和消除消费者对产品质量所产生的困惑，使产品的优良品质一目了然，而且在空透与封闭的交织中，包装设计最可能达到亦真亦幻、虚实相间的动人效果。经由这样的设计陪衬，优良产品定会脱颖而出。

包装材料的特性不同，给人的感受也不尽相同。包装材料的质感对比可以表达出丰富的感情。

瓶子的材料或粗糙或光洁都彰显时尚精神

玻璃的透明感与不透明黑色纸标签的对比

1. 纸包装材料

用纸包装的传统与技术密切相关，特别是在东方。据记载，公元105年，中国的蔡伦第一次制造出较成熟的可作为书写信息传播载体的纸，但当时纸还是一种奢华商品，所以很少用于包装。而已知用纸进行包装的起源就要迟得多，大约出现于公元10世纪的日本。直到200年前随着造纸的工业化，纸张和纸板作为包装材料才开始迅速发展。1803年长网造纸机的发明实现了纸张大规模生产，随后20世纪四五十年代磨木浆和化学浆的大规模生产得以实现，于是纸张稳步地从一种高级的信息媒介向广泛用于包装的一种通用材料发展。这种不断前进、创新发展催生了纸张和包装材料工业开发出大量的新产品，以适应不断变化、增多的复杂用途。

目前最流行的包装材料依然是纸包装，用纸张作为一种包装材料不仅是出于功能性考虑，还要求有美感。此外，近年来纸制包装在保持传统功能的同时还被赋予了苛刻的设计要求和大量的其他功能，如传统和现代、成熟与创新，这些矛盾的要求也必须由作为媒介的纸张或包装纸板来满足。

不同材质包装纸的搭配细腻讲究

瓦楞纸板的粗糙与铜版纸标签的光滑形成质感对比

2. 塑料包装材料

自20世纪初塑料材料问世以来，已逐步发展成为经济的、使用非常广泛的一种包装材料，而且使用量逐年增加，应用领域不断扩大。

塑料是一种人工合成的高分子材料，与天然纤维构成的高分子材料如纸和纸板等不同。塑料高分子聚合时根据聚合方式和成分的不同，会形成不同的形式，也会因为高分子材料加热或冷却的加工环境、条件和加工方法的不同使结晶状态不同，从而产生不同的结果，最终形成了诸多材料、性能不同的产品。

包装材料对商品的有效保护是商品包装最重要、最基本的功能。可以毫不夸张地讲，如果塑料包装对所包装的商品没有起到可靠的保护作用，那么它就失去了作为包装材料的使用价值。塑料包装对商品的保护功能是多方面的，不同的商品对于塑料包装保护功能要求的侧重点亦不尽相同。

塑料包装材料按照用于包装上的形式，可以分为塑料薄膜和塑料容器两大类。塑料薄膜以其强度高、防水防油性强、高阻隔性等特点，已发展成为使用广泛的内层包装材料和生产包装袋的材料。薄膜根据使用需求的不同，加工成形的方法也有很多，基本上可分为单层材料和复合材料两大类。塑料容器是以塑料为基材制造出的硬质包装容器，可以取代木材、玻璃、金属、陶瓷等传统材料。其优点是

透明的塑料材料

成本低、重量轻、可着色、易生产、耐化学性、易成形等；缺点是不耐高温和透气性较差。

设计的视觉效果能诱导或消减消费者的购买欲望。例如，为了使优质产品能以清晰的面貌显现在消费者面前，设计师开始越来越频繁地采用水晶般透明的玻璃纸或塑料进行包装设计。

塑料包装材料的透明质感使商品显得晶莹剔透

3. 玻璃包装材料

玻璃作为容器早在3700年前的古埃及就得到了应用，玻璃具有高度的透明性及阻隔性能，可以很好地阻止氧气等气体对内装物的侵袭，与大多数化学品接触都不会发生材料性质的变化。玻璃的原材料主要为天然矿石、石英石、烧碱、石灰石等，其制造工艺简便，造型自由多变，具有硬度大、耐热、洁净、易清理、可反复使用等特点。

玻璃作为包装材料，主要用于食品、油、酒类、饮料、调味品、化妆品及液态化工品等产品的包装，用途非常广泛。但玻璃也有它的缺点，如重量大、运输存储成本较高、不耐冲击等。

玻璃因其纯净的特质和产品保护的功能，被化妆品业内广泛使用，而且经过装饰的玻璃会进一步增强"高端产品"这一印象。

这款包装以玻璃为基本材料，辅以小面积标签，突出了产品本身的质地

化妆品多采用玻璃材料作为包装容器

高粱酒的玻璃瓶包装

4. 金属包装材料

金属包装材料是传统的包装材料之一，在包装材料中占有很重要的地位。金属包装容器从暂时贮存物品的功能演变到今天的食品罐头、饮料容器、运输桶和罐等包装，成为长期保存内装物品的重要容器，可以说，金属容器的使用给人类的工作和生活带来了很大的变革和进步。

香水包装瓶形采用金属与玻璃的结合
更显华贵高档

5. 混合包装材料

在包装中，绝大多数产品都是使用多种材料完成一个整体包装，以传达丰富的情感。
各种包装材料的搭配使用特性不同，给人的感受也不尽相同。例如，下面这款包装结合了陶
瓷、纺织物、木质材料，给人带来古朴、典雅的视觉感受与心理体验。

包装材料使用陶瓷、纺织物、木材料，营造古朴的视觉感受

纸盒与塑料袋包装

金属盒巧克力与纸签

思考题：

   1. 包装设计有哪两大要素？

   2. 包装设计的视觉传达设计要素有哪些？

   3. 包装设计与工业产品设计主要的区别是什么？

第4章 包装设计的操作流程

本章概述：

本章主要讲述包装设计的工作流程、定位理论与表现方法。

教学目标：

通过案例分析，掌握包装设计的定位理论。

本章要点：

理解包装设计定位的六卖和一不卖。

ALL　　WEB DESIGN　　LOGO DESIGN　　ILLUSTRATION　　PHOTOGRAPHY　　VIDEO

4.1　包装设计的前期准备工作

产品包装通过各种要素组合所传达的并不仅仅是从单个产品包装出发，而是要实现保存、运输、销售、携带产品等基本功能，以及介绍商品名称、内容及其品牌，如果设计者能从产品包装的环境、分区、展示等整体进行系统规划，不但能使消费者一目了然、易于比较，还能充分体现商品的价值，从而提高销售成果。而要做到这些，前期的准备工作是必不可少的。

4.1.1　包装设计调研的目的

包装设计用于解决企业市场营销方面的问题，具体地讲就是推销产品与宣传企业形象。要解决问题，就要有科学的方法与程序。设计的程序是一个解决问题的过程，这包括对问题的了解与分析，对解决问题方法的提出与优化。包装使产品更有魅力地呈现在消费者眼前，从消费者看到包装时起，大脑便立即产生对该产品的一种喜或厌的情绪。这种情绪的作用是巨大的，它验证了"包装是具有销售力的"，而包装是否具有销售力是由包装的内容、消费层，以及销售点共同作用的结果。因此，面对一项包装设计任务，设计师须首先要了解这是属于哪一种类型的产品包装、有何特点、有何特殊要求等，这是设计构思的基础，否则设计将无法展开。

在产品整体的营销策划过程中，调研是必不可少的前期环节，在进行产品包装设计前应对市场进行调研：了解消费者对产品功能、价格的期望，以及对包装功能特征的要求，还包括对目标受众审美倾向和心理需求的了解；了解公司内部的产品链、定位、销售方式、行业现状等方面的情况，把握产品包装设计定位，进行整体、周全的规划。这种系统性的研究是设计创意的前提。

4.1.2 包装设计的市场调研

1. 明确调研目标

要根据产品与包装的营销性质来确定市场调研的目标，如有的产品包装是新近推出的，就需要以相关市场的潜力、产品包装推出成功的可能性为目的进行调研。而有的企业只是对已有产品包装进行改良或扩展，那就要以为什么要进行改良？改良的方向、方法与成功的可能性为调研目的。

2. 选定调研对象

考虑到客观条件的限制，不易做到大量取样，同时，如果获得资料的数量庞大，整理与处理也不容易。因此，在调研前期工作的重要一环是选定市场调研对象，一般采取抽样方式，根据产品的性质，在将来可能的消费者中选取一定的人群进行调研。

包装设计的市场调研应明确目的、选定对象并整理数据

3. 确定调研的内容

在调研内容方面，企业应根据产品、市场的特点与经费及其他方面的限制，确定一定的、和设计目的相关的调研条目，如市场的特点与潜力、竞争对手与产品等方面；消费者的基本情况，如消费者的年龄、经济收入、文化教育等方面；市场相关产品与自身产品(如果已投放过市场)的基本情况。

4. 调研结果分析

通过市场调研，设计师搜集到了产品包装设计所涉及的市场、消费者等多方面的信息，并可以在此基础上对调研进行总结和分析，根据分析结果写出调研报告。调研报告要写得简明扼要、观点明确，调研搜集的资料与提出的观点要保持一致，企业此后的包装设计定位策略也应以市场调研报告为基础。

4.2　包装设计的定位

现代设计要赋予包装新的设计理念，要了解社会、了解企业、了解商品、了解消费者，从而做出准确的设计定位。没有准确的定位就没有目的性、针对性，也就没有目标受众。没有准确的定位，包装设计构思也无从下手，灵感就是无源之水，再新奇的创意也是空中楼阁。

4.2.1　包装设计定位的意义

所谓设计定位就是在设计中，通过突出商品符合消费者需要的个性特点，确定商品的基本品位及其在竞争中的位置，促使消费者树立选择该商品的稳固印象。根据商品的产品特性，设计出符合商品品位要求的方案。

包装设计定位就是要解决通过包装主要卖什么的问题。关于包装设计定位，笔者在这里总结了六卖一不卖的基本策略：

六卖，即产品品质定位策略(卖产品)、消费者定位策略(卖商品)、品牌形象定位策略(卖品牌)、企业形象定位策略(卖形象)、文化定位策略(卖文化)、观念定位策略(卖观念)。

其中，产品品质定位策略与消费者定位策略，主要解决的是通过包装销售货品的问题；品牌形象定位策略与企业形象定位策略主要是解决通过包装塑造品牌和企业形象的问题；文化定位策略与观念定位策略主要解决的是通过包装弘扬企业文化、输出企业理念的问题。

"一不卖"就是包装设计不是卖材料，任何堆砌豪华包装材料的过度包装都是设计无能的表现。

4.2.2　包装设计定位策略的应用

1. 产品品质定位策略

一种产品往往具有许多方面的优势。在一个信息量有限的包装中，不可能详尽介绍产品的所有优点，譬如原料、性能、款式、工艺、价格等，这时就需要运用产品品质定位法则，找出产品诸多性能中的主要特征来进行包装设计构思。

优秀的包装应该定位准确，如针对日常生活类的产品包装，设计应该有亲和力、易于辨认，并且要显示出产品良好的品质。例如，在设计瓶装饮用水的包装时，要先定位其是高端天然矿泉水还是普通纯净水，这决定了它的包装设计从文字图形到色彩选择都是不同的，瓶形材质也有朴素简装或优雅奢侈的差别。

功能多样的数码产品(卖产品)

有些包装设计以产品的新材料、新功能进行定位，突出产品给人们带来的生活便利，如易开启性、即食性、即饮性等，这些包装也在某种程度上改变了人们的生活方式。

2. 消费者定位策略

消费者定位，是指依据市场细分原则，找出符合商品特性的消费者类型，确定自身产品的目标受众。包装设计者根据目标受众的素质、品味，以及商品档次来定位包装的设计风格。只有经过包装的、在市场中或电商平台上发布的、面对广大消费者用以销售的产品，才能称为商品。

通过消费者定位找出商品的产品特性，也是包装设计创意的灵感来源。

三得利即饮咖啡(卖产品)

光洁度极好的玻璃瓶装水彰显高贵品质(定位高端客户)

果汁饮料设计主打潮流时尚(定位年轻客户)

3. 品牌形象定位策略

品牌形象定位是把品牌消费特征聚集在一个点上，限制品牌在其他非策略方向上的发展。品牌定位与寻求广告支持点、建立联系的过程关系紧密，一旦成功建立并传达给受众，品牌定位即告成功。

在包装设计中，一旦确立了以塑造的品牌形象进行定位，其主要画面的设计往往与广告画面是联动的，要以品牌形象的核心要素为主，产品名称、产品形象等要素在包装画面中属于次要地位。

包装上的商标标记(卖品牌)

奢侈品牌瓶身明显的品牌标志(卖品牌)

4. 企业形象定位策略

通过包装宣传打造企业形象的定位策略，往往不是为了盈利，而是用于塑造企业形象。例如，企业礼品包装、主题包装和高端定制产品包装，以及企业赞助赛事或公益活动所使用的包装或员工礼盒。

网易严选推出月饼礼品创意包装(卖形象)

5. 文化定位策略

随着人们物质生活水平的提高，消费者的文化及艺术修养也在不断提升。当今，产品的同质化日趋严重，有文化内涵的包装才更能满足人们的精神需求，获得消费者的好感。同时，包装是弘扬文化内涵与树立文化自信极好的载体，如有些包装从风格设计上带有极强的地域文化特色和民族传统文化元素，有些包装采用怀旧的设计风格等。这些元素的包装更能够拉近人们的情感，也容易得到大众的认可，其生命力可持续时间更长久，有些包装甚至能够成为几代人的记忆。

花雕酒包装的设计带有强烈的地域文化特色和民族传统文化元素(卖文化)

6. 观念定位策略

所谓观念定位就是在包装设计策划过程中，根据社会发展有前瞻性地提出某种观点，利用包装输出植入某种观念，而这一观念在现代往往脱离商品的物质特性，转而宣传某种精神主张或倡导某种新的生活方式，如提倡环保绿色、极简主义等。大众乐于接受这样的设计，因此在现代设计界，这一做法越来越普遍，即引导消费，一些文化创意项目多采用观念定位策略。

极简主义包装(卖观念)

4.3　包装设计的构思

构思是设计的灵魂，在设计创作中很难制定固定的构思方法和构思程序，创作多是由不成熟到成熟的，在这个过程中肯定一些或否定一些，修改一些或补充一些，都是正常的现象。

构思的核心在于表现什么和如何表现两个问题。回答这两个问题即要解决以下四点：表现重点、表现角度、表现手法和表现形式。如同作战一样，重点是攻击目标，角度是突破口，手法是战术，形式则是武器，任何一个环节处理不好都会前功尽弃。

构思是包装设计的灵魂

4.3.1　包装设计的表现重点和表现角度

商品包装设计是在有限的画面内进行，这是空间上的局限性；商品包装在销售中又是在短促的时间内为购买者所认识，这是时间上的局限性。这种时空限制要求商品包装设计不能盲目求全、面面俱到。

包装设计的表现重点是指表现内容的集中点，是要对商品、消费、销售三方面的有关资料进行比较和选择，选择的基本点是有利于提高销售。例如，该商品的商标形象、品牌含义，该商品的功能效用、质地属性，该商品的产地背景、地方因素，该商品的售卖地背景、消费对象，该商品与同类商品的区别，同类商品包装设计的状况，该商品的其他有关特征等。这些都是设计构思的媒介性资料，设计时要尽可能多地了解这些资料，加以比较和选择，进而确定表现重点。因此，设计者要有对有关商品、市场的深入了解，以及生活知识、文化知识的积累，积累得越多，思路越广，重点表现的选择亦越有基础。

包装设计表现的重点主要包括商标品牌、商品本身和消费对象三个方面。一些具有著名商标或品牌的产品可以用商标品牌为表现重点；一些具有某种特色的产品或新产品的商品包装则可以用产品本身作为重点，这种方式具有最大的表现余地；一些对使用者针对性强的商品包装可以以消费者为表现重点。总之，不论如何表现，都要以传达明确的内容和信息为重点。

包装设计的表现角度是确定表现重点后的深化，即找到主攻目标后还要有确定的突破口。例如，以商标、品牌为表现重点，是表现形象还是表现品牌所具有的某种含义；如果以商品本身为表现重点，是表现商品外在形象还是表现商品的内在属性，是表现组成成分还是表现其功能效用。

事物都有不同的认识角度，而在表现上要集中于一个角度，这将有益于表现的鲜明性。

品牌与商品本身并重为表现重点

4.3.2　包装设计的表现手法和表现形式

好的表现手法和表现形式是设计的生机所在，不论如何都是要表现内容的某种特性。从广义看，任何事物都具有自身的特殊性，任何事物都与其他某些事物有一定的关联。这样，要表现一种事物及表现一个对象就有两种基本手法：一是直接表现该对象的特征；另一种是间接地借助于该对象的一定特征去表现。前者称为直接表现，后者称为间接表现或借助表现。

1. 直接表现

直接表现是指表现的重点是内容物本身，它包括表现其外观形态或用途、用法等。最常用的方法是运用摄影图片或者橱窗来表现。直接表现的手法包括以下几种。

（1）衬托法。衬托是使用辅助方式使主体得到更充分的表现。衬托的形象可以是具象的，也可以是抽象的，处理中注意不要喧宾夺主。

（2）对比法。对比是通过反面衬托使主体得到更强烈的表现。对比部分可以具象，也可以抽象，还可以用改变主体形象的办法来使其主要特征更加突出。

酒力强劲(夸张法)

（3）夸张法。夸张是对主体形象做一些改变，以变化求突出。夸张不但有所取舍，而且还有所强调，使主体形象虽然有些失真，却合情合理。这种手法在我国民间的剪纸、泥玩具、皮影造型和国外卡通艺术中都有许多生动的例子，这种表现手法富有浪漫情趣。商品包装画面的夸张一般要注意可爱、生动、有趣的特点，而不宜采用丑化的形式。

（4）特写法。特写是以局部表现整体的处理手法，使主体的特点得到更为集中的表现。设计中要注意所取局部要具有代表性。

2. 间接表现

间接表现是比较内在含蓄的表现手法，即画面上不出现被表现的对象本身，而是借助于其他有关事物来表现该对象。这种手法具有更加宽广的表现空间，在构思上往往用于表现内容物的某种属性、符号或意念等。

就产品来说，有的东西无法进行直接表现，如香水、酒、洗衣粉等，这就需要用间接表现法来处理。同时许多可以直接表现的产品，为了求得新颖、独特的表现效果，也往往从间接表现中求新、求变。

间接表现手法包含如下几种等。

（1）比喻法。比喻是借它物比此物，是由此及彼的表现手法，所采用的比喻成分必须是大多数人所共同了解的具体事物、具体形象。这就要求设计者具有比较丰富的生活知识和文化修养。

（2）象征法。象征是比喻与联想相结合的转化方式，在表现上会显得更为抽象。

间接表现

西红柿形饮料瓶(象征法)

像烟花一样的酒(象征法)

（3）意象法。意象是指透过精神来反映物质，主要是通过包装画面传达一种意境。这是更为含蓄的表现手法。

（4）联想法。联想是借助于某种形象引导观者的认识向一定方向集中，由观者产生的联想来补充画面上所没有直接交代的东西，这也是一种由此及彼的表现方法。人在看到商品后或在购买商品前，会产生一定的心理活动，能否引导人的购买行为就取决于设计的表现，这是联想法应用的心理基础。联想法借助的媒介形象可以具象，也可以抽象。各种具体的、抽象的形象都可以引起人们一定的联想：人们可以从具象的鲜花想到幸福，由蝌蚪想到青蛙，由金字塔想到埃及，由落叶想到秋天等；又可以从抽象的木纹想到山河，由水平线想到天际，由绿色想到森林，由流水想到逝去的时光，连窗上的冰花都会使人产生种种联想。

灭火器、灯泡形饮料瓶(联想法)

把昆虫与各种灯泡结合形成有趣的图形组合(联想法)

百财牛，用形的相似性同构法使人产生联想

联想思维是要靠训练的，当你用联想思维设计一个酒瓶时，如何把一个平淡无奇的瓶子与乐器联系在一起呢？通过敲击瓶身产生的声音可以与乐器发出的声音形成"通感"，通感即是把味觉转换为听觉。然后在设计上可以用图形创意的"嫁接"法，把瓶子与乐器设计在一起并形成整体造型。

黑管酒瓶

小提琴酒瓶

思考题：什么是包装设计定位的六卖一不卖？

4.4　包装设计方案的制作

4.4.1　包装设计的纸样制作

1. 设计构想图

设计构想图也称为草图，在制作设计构想图的过程中，可以利用铅笔手绘及简易的色彩示意来绘制包装设计最初的样式。

2. 设计表现元素

图形部分：插画的效果能大致表现元素的形态即可，摄影图片则运用类似的照片或效果图先行替代。

文字信息部分：包括品牌字体的设计、产品名称、广告语、功能性说明文字的准备等。

结构的设计：如果是纸盒商品包装，应出具盒形结构图，以便商品包装展开设计的实施。

除了以上这些主要的表现元素外，产品商标、企业标识、相关符号等也应提前准备。

3. 设计的具体化

通过电脑软件，运用各个元素组合与构思，设计出接近实际效果的方案。

4. 设计方案稿提案

初步的设计提案表现出主要展示面的效果即可，将设计完成的方案进行色彩打印输出，并以平面效果图的形式向设计策划部门进行提案说明，根据产品开发、销售、策划等依据筛选出较为理想的方案，并提出具体修改意见。这种方案稿可能要经过几次反复修改。

5. 立体效果稿提案

对最终筛选出来的部分设计方案进行展开设计，并制作成实际尺寸的彩色立体效果稿，从而更加接近实际成品。设计师可以通过立体效果来检验设计的实际效果，以及商品包装结构上的不足。

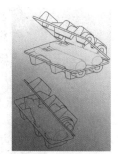

4.4.2　包装设计的样品制作

经过完善后的效果稿可向设计策划部门进行提案，通过后可以进行小规模的样品制作。小规模的试生产，即将开发出的产品实际装入小批量生产出的商品包装中，然后委托市场调研部门进行消费者试用、试销、市场调查，并通过反馈情况最终决定投入生产的商品包装方案。

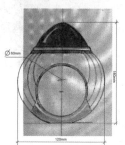

包装设计的构思图与成品图

例如，下图中这款包装定位于传统文化的表达，其包装的瓶形与盒形结构，瓶身上的品牌字体、品牌符号、品牌核心图形、图案的展开图，以及效果图等都按照定位进行设计。设计纸样已准备完成，可依设计提案制作样品，印刷要求及说明应符合印刷工艺。

品牌标识设计
及元素搜集

成品打样基本接近设计预想的效果

顶部与正面图案

手工裱硬盒

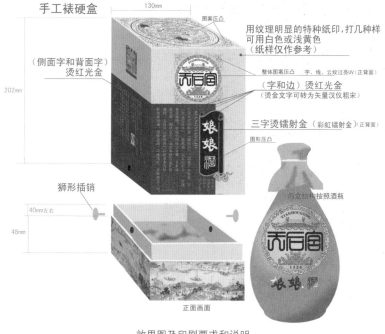

效果图及印刷要求和说明

正面画面

包装箱展开图

4.5　包装设计的实战案例分析

4.5.1　起士林大饭店品牌文化整合与推广

　　天津起士林大饭店始建于1901年，至今已有百年历史，驰名中外，声誉显赫。起士林的西餐传播了西方的饮食文化，从精美的餐具到花样繁多的西式菜品，从布置考究的店堂到周到礼貌的服务，起士林曾经为天津的餐饮界谱写了靓丽的华章。

原起士林大饭店

　　而近几年，起士林品牌却日渐黯淡，市场上的起士林西点包装陈旧且风格杂乱无章，与起士林品牌文化严重不匹配。

　　为了摆脱这些问题，提升品牌的档次，传播品牌文化，起士林决定重塑企业形象，对品牌进行重新整合。

1. 采用品牌形象定位策略

　　重新定位起士林大饭店为现代高端西餐饭店，区别于其他的西餐厅、西饼屋、蛋糕店、咖啡厅和西点食品厂，以拉开档次。

　　通过包装设计重新树立品牌形象，设计的侧重点在于品牌形象设计与包装的结合，而不是单纯的食品包装。

2. 确立并统一风格

确定基调风格为：欧式经典＋现代时尚。

起士林品牌是中西文化合璧的代表，统一风格设计的主要特点是以成组、成套的形式对一系列产品进行的统合设计，是一个彼此相互关联的整体规划，因此统一风格包装设计首先应注意的是其整体的特征。也就是说，要具备一定的视觉风格和形象差异，因为只有强烈而独特的视觉风格与特性才有可能与其他商品或其他同类商品相互区别，才有可能建立自身的品牌特征，才有可能引起消费者的关注，所以系列必然是风格统一的，这样才有利于品牌文化的创立，服务于品牌的战略与定位。

3. 商标标志重塑设计

起士林大饭店原KC标无风格可言，看起来也无食品餐饮业的属性。新标识首先把字母"K"改为经典的罗马体。为了更加突出欧式风格，字体下加入了装饰花边，花边以玫瑰、麦穗、绸带组合而成，玫瑰花代表爱情与时尚，麦穗代表西餐西点，绸带把两者贯穿连接在一起，共同形成现代起士林大饭店的经营理念。花边设计为欧式风格，点明了起士林大饭店的整体风格，KC标与花边整体形成蛋糕形象，也是起士林的标志元素。

商标整体色彩基调为咖啡＋棕红色，可使人联想到烤全麦面包的色彩，通过色彩可诱发顾客的味觉与嗅觉。

起士林原KC标志无风格可言

起士林标志包含麦穗与丝带元素

起士林KC标志定稿

起士林标志包含蛋糕形元素

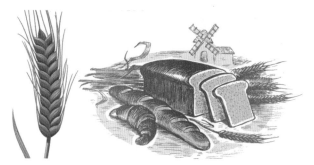

色彩基调可联想到烤全麦面包

起士林标志包含玫瑰花元素

4. 字体重塑设计

在字体设计上保留起士林书法字体，这也是为保留一份历史的记忆。但书法字体现代感不强，也没有品牌主题说明作用，对于不了解起士林历史的年轻人来说更不知这几个字代表什么，是做什么的。所以，新设计将大饭店三个字作为新元素注入整体品牌元素中，突出起士林是高端西餐饭店的品牌定位。

设计上采用图形与字体结合的手法，把起士林最典型的欧式拱门与现代字体进行组合，字体设计整体现代感强，以体现起士林的现代化进程与管理。

原书法字起士林没有现代感

提取原书法字体与英文标志

提取欧式拱门元素

老起士林入口的欧式拱门

起士林大饭店字体设计，欧式拱门与文字组合

5. 品牌形象核心图形组合设计

起士林大饭店品牌形象核心图形组合为欧式经典风格的KC标与英文字+中国风格的书法字+现代风格的大饭店字体。用现在起士林大楼入口的欧式拱门把这些元素统一起来，组合为整体品牌形象。

在色彩方面，设计符合起士林大楼门厅、西餐大厅、西点门面的色彩整体氛围。

起士林大饭店品牌形象核心图形组合

起士林大楼入口的欧式拱门　　　起士林西餐大厅与西点蛋糕房整体色彩　　　起士林大楼门厅整体色彩

6. 品牌形象核心图形设计

　　品牌形象大使选用起士林创始人德国人阿尔伯特·起士林的形象。在设计之始，绝大多数企业都会给设计师一大堆照片资料供选择，如何从这些海量资料中筛选出最具代表性的、最有表现力和最有助品牌传播价值的形象资料，并提取变为品牌形象的核心图形是设计师的功力所在。

起士林原包装与标志图形

选定创始人起士林姿态最有气势的照片　　　　起士林新的品牌形象延展

起士林饭店大楼

把选定的品牌创始人的老照片与现代起士林大楼相结合，时空穿越，形成独特的画面，塑造品牌形象

7. 西点包装设计

起士林西点原本的包装风格杂乱无章，常用的中式风格也与起士林西点格格不入。

新的包装设计确定的图案元素与标志相统一，用玫瑰花＋麦穗＋绸带作为主元素，结合了版画风格与写实风格，版画风格的图案与核心标识、核心图形组合为一个风格统一的整体画面。

在色彩上，新设计做了统一色调的处理，以适应品牌确定的整体色调。

起士林原包装风格与西点格格不入

起士林新的蛋糕包装

欧式风格写实花卉作为起士林新包装的延展元素

起士林新的西点包装

8. 品牌礼品包装

我国自古就有独特的礼俗文化，注重伦理、倡导道德、重亲情、重友情、礼尚往来，因而也十分注重馈赠礼品的包装。在各种传统节日到来之时，礼品包装设计的人情味，便迎合了消费者的情感需求。

中秋佳节寄托了中国人的团圆之情，也是中华传统文化的重要组成部分。月饼包装就不能仅从吃入手，应更多体现文化和情感气息。原起士林月饼礼盒的包装风格杂乱无章，无品牌个性，更无文化可言。新设计的中秋月饼礼盒为了突出品牌的年代及文化背景特征，采用了许多起士林的老照片为素材进行视觉元素的筛选、提取、重新组合，使包装整体呈现出起士林独特的风貌及百年不变的风情，突出百年老店的独特气质。有品位、有回忆、有情感的月饼礼盒，可以让消费者大饱"文化口福"。

起士林新设计的怀旧经典月饼系列包装，运用老照片人物形象与风貌建筑为素材营造怀旧氛围

原起士林月饼包装无品牌个性

半熟流心月饼包装清新淡雅

繁花似锦月饼包装，运用品牌形象各元素的组合，突出品牌个性

（1）月饼包装设计分析。中秋节是中国传统节日，如何把起士林欧式风格与中国传统节日结合起来是设计月饼包装的难点。设计师以中国书法字体"月"字与欧式花纹组合为视觉元素，烘托品牌文化形象，使包装表现出中西合璧的高贵风格，让消费者在品尝月饼的同时也能体验中西文化融合的韵味。

图形元素：欧式花纹＋月字组合。字体与花纹的中西合璧，彰显品牌内涵。

图案元素：桂花、月亮。

色彩要求：做了统一色调的处理，以配合起士林品牌的整体色调。

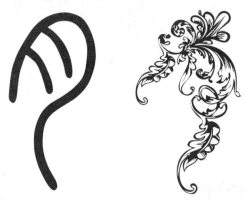

未经组合的原始素材

月饼包装的图形元素为汉字月字
与欧式花纹组合

起士林大饭店尊月月饼包装

（2）月饼包装印刷及后期加工工艺设计、制版分析。起士林月饼包装采用四色印刷＋大面积印红金油墨＋百合花部分采用亮uv工艺＋月字烫镭射银＋覆哑膜等工艺，用以达到不同的质感与肌理对比变化效果。统一的色调与金银的运用更彰显了包装的档次。

包装图为四色印刷版，因为中间字体标志要印红金油墨，所以四色版中只印底色，并不印文字与图案，红金油墨最后印，要压在底色上，不能留白底

起士林月饼包装平面展开效果图，以百合花为陪衬图案

起士林月饼包装uv版

起士林月字图案和图形烫镭射银效果

时代在变，社会在变，人们的观念也在变。以往节日礼品市场烦琐的包装让消费者倍感乏味，起士林品牌文化包装的重新定位与改造提升，为节日礼俗文化添上一抹亮色。

◆ 4.5.2　金星牌义聚永酒品牌文化的挖掘

设计师在日常的工作和实践中，应注重深挖老字号品牌的文化亮点，并且与现代的时尚文化相结合，将这些文化内涵变为容易被现代人接受的视觉符号，把老字号提升为具有深厚文化内涵的品牌。

例如，金星牌是著名的出口品牌，其酒类产品玫瑰露酒发源于1326年，享誉海外。但企业在开拓内销市场时却遇到了问题，金星牌这个品牌名称从字面上看显得文化内涵不够，个性不强，给人印象不深，难于推广。

通过阅读史志，企业挖掘出了"义聚永记"这个有浓郁天津特色的悠久的品牌(品牌早已废弃不用)。随着海运的兴盛和祭祀的需要，位于天津海河东岸的大直沽早在元代就开始制作烧酒。清朝康熙年间，大直沽生产的玫瑰露、五加皮、高粮酒开始陆续出口；1880年前后，义聚永记的创始人刘鑫对玫瑰露、五加皮和高粮酒进行了技术创新，从此使义聚永记的名声大振；1927年，义聚永记在南洋注册金星牌，率先打开了南洋市场，从此以义聚永记为代表的大直沽酒远销海外。1934年，义聚永记作为天津唯一的酒商又先后参加"首都国货展"和"芝加哥博览会"，使品牌作为国货精品跻身于世界级展会的大雅之堂。

老字号"义聚永记"品牌标识

义聚永记酒包装效果图

　　根据这些史料，设计师把义聚永记作为品牌名进行重新整合与提升。首先，品牌参与了商务部的评选活动，并被认定为酒类"中华老字号"；其次，以天津义聚永酒业酿造有限公司的名义建立了天津首家酒文化博物馆，宣传义聚永酒业700多年的传统酿造工艺、200多年的国际品牌；再次，提出 "义行天下，聚德载福，永恒金星"的企业文化理念，致力于帮助企业把一个造酒厂打造成观光酒厂、文化酒厂，体验式酒厂，"以品质促品牌，以品牌促文化，以文化促旅游"，最终实现品质、品牌、文化、休闲与销售的完美结合；最后与深圳的包装企业合作，为企业确立了品牌的视觉元素，并应用于包装。

　　通过对义聚永记品牌视觉元素的诠释，设计了金星牌义聚永记酒的包装。

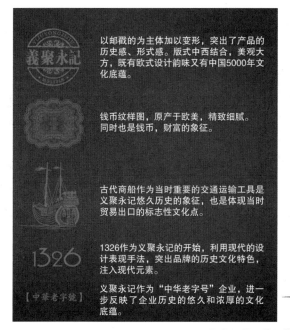

以邮戳的为主体加以变形，突出了产品的历史感、形式感。版式中西结合，美观大方，既有欧式设计韵味又有中国5000年文化底蕴。

钱币纹样图，原产于欧美，精致细腻。同时也是钱币，财富的象征。

古代商船作为当时重要的交通运输工具是义聚永记悠久历史的象征，也是体现当时贸易出口的标志性文化点。

1326作为义聚永记的开始，利用现代的设计表现手法，突出品牌的历史文化特色，注入现代元素。

义聚永记作为"中华老字号"企业，进一步反映了企业历史的悠久和浓厚的文化底蕴。

义聚永记的品牌视觉元素

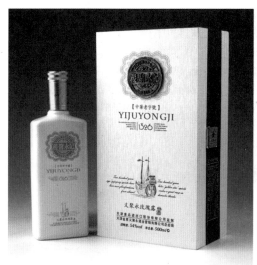

老字号金星牌义聚永酒包装实物图

第5章 包装设计创意与表达

本章概述：

本章通过案例分析，讲述通过准确的定位，实现包装设计的创意与表达。

教学目标：

掌握包装设计的创意与表达方法。

本章要点：

理解品牌包装设计和绿色包装设计的重要意义。

ALL　　WEB DESIGN　　LOGO DESIGN　　ILLUSTRATION　　PHOTOGRAPHY　　VIDEO

包装设计如何更有创意？包装设计的灵感从哪里来，依据是什么？

首先，包装设计的创意要根据企业与产品的定位来寻找和确定，定位也是包装设计在选择表达角度时的依据。其次，包装设计可在定位的基础上进行创新，即在包装设计中融入新的理念，使其更符合现代人的观念；近年来绿色环保理念成为包装设计领域的一大主流，在进行包装设计创意时，也可将这一理念融入其中。

礼品包装有仪式性的意味

5.1　包装设计的创意定位策略

5.1.1　由产品定位入手的包装设计

现在的产品种类繁多，对包装设计的要求也越来越细致。为了更准确地掌握不同种类产

品包装设计的不同要求，我们可以将生活消费品划分为如下四类，并分别列出包装设计的具
体要求。

1. 奢侈品包装

高端产品因其价格昂贵，因此在设计上更要求独特的个性，包装需要具有特殊的气氛感
和名贵感。例如，高档香水、化妆品，以及珠宝饰品等；香烟、酒类、高级糖果、异国情调
名贵特产等，都需要配备比较高端的包装方式。

标签与氛围彰显高档酒品类　　　　　　　　　　　　　　　　高档香水

2. 礼品包装

礼品包装使产品拥有文化性和仪式性的意味，其包装富含了很深的人文气息。中国
人很重视礼仪，包装是产品的门面也自然成了人们礼尚往来的脸面，包装此时营造的是仪
式感。

在中国传统节日中最被人们所重视的节日有两个，一为春节，二为中秋节。这两个节日
有着深刻的含义：过春节，辞旧迎新又一岁；而中秋节，则是一个团圆的节日，月圆时分倍
思亲。因此，在吉祥与祝福中两节也格外热闹，这一阶段频繁的礼尚往来将礼品包装设计推
到了最重要的位置。例如，中秋佳节之际月饼热销，出于送礼需要，月饼生产厂家将大部分
资金投入月饼包装上，迎合了人们的消费观"送礼要好看""礼品要档次"，此时包装在某
种意义上产生了品牌效应，体现了消费群体的文化，具有感情沟通和祝福的意义。

对于礼品，消费者可能更关心它的包装档次，而对于包装的大小则会依据礼品的用途做
出选择。通常送给亲友的忌体积过大，多为很精致的小礼品；而送给普通客人的还是青睐包

装稍大的礼品。

3. 日用品包装

日常生活所需的食品包装，如罐头、饼干、调味品、咖啡、红茶等。这类产品的包装设计应具备三点特征：一是能引起消费者的食欲；二是要刻意突出产品形象；三是包装有亲切感，虽不奢华但不失品味。

4. 消费品包装

大众化快速消费品包装，如中低档化妆品、香皂、卫生防护用品等。这类产品定位于大众化市场，其包装设计要求：一要显示出亲民的气氛感；二要能使消费者在短时间内辨别出该品牌。

食品、调味品、茶、咖啡等日常生活品的包装一般会定位于中档，包装也比较朴实亲切

施华洛世奇是国际上著名的水晶饰品品牌，它的包装为蓝色背景上突出水晶天鹅的标志，风格简约，体现精致优雅的品牌文化

◆◆ 5.1.2　由消费者定位入手的包装设计

由细分消费者定位入手的包装设计主要是为了销售商品。设计再好的产品如果只是躺在库房里则只能称为产品，只有进入流通领域，摆上卖场货架或进入电商销售平台，面对消费者进行销售才可以称为商品。所以，很多企业会在一开始就根据细分消费者定位入手进行包装设计。

例如，旁氏是女性消费者熟知的化妆品品牌。20世纪60年代，旁氏开始用郁金香图案作为商标，但是由于包括包装在内的整体形象不够鲜明，其产品受众群体逐渐老龄化。为改变这个局面，企业开始对产品进行换代和更新，推出了适合亚洲女性肤质的"无瑕透白系列"新品。新包装采用透明细腻的质料，设计了温馨淡雅的色彩，并且以娇嫩的花瓣图案象征女性柔美的肌肤。新品上市后，受到了很多年轻女士的喜爱，从而扩大了产品的受众群体。

再如，法国依云天然矿泉水的这款包装定位于年轻消费者，其瓶身装饰设计采用多彩线条，传达出跃动时尚的青春气息。

定位亚洲女性消费者的美白系列化妆品　　　　　　定位年轻消费者的依云矿泉水

◆ 5.1.3　由品牌定位入手的包装设计

1. 品牌包装是品牌传播的重要载体

品牌是一种名称、名词、标记、符号或设计，或是它们的组合运用，其目的是藉以辨认某个销售者或销售群的产品和劳务，并使之同竞争对手的产品和劳务区别开来。

品牌按行为学的解释是指对某种商品具有象征意义的图示记忆。它是消费者对于某商品产生的主观印象，并使消费者在选择商品时产生购买偏好。

品牌是一个笼统的总名词，它由品牌名称、品牌标志和商标组成。品牌名称，指品牌中可用语言表达，即有可读性的部分，如同仁堂、华为等。品牌标志，指品牌中可识别、辨认，但不能用语言称谓的部分，包括符号、图案、色彩或字体，如可口可乐英文字母书写图案、腾讯的企鹅形象图案等。

品牌是一个企业的灵魂，而包装是品牌传播的有效途径和重要载体之一，所以包装也是品牌形象的体现。由品牌定位入手进行的设计，我们称其为品牌包装。企业为其产品选择、规划产品名称及品牌标志，向有关部门登记注册商标的全部活动称为"品牌化"。

综上，品牌的意义就是对于商品的使用价值和交换价值的保障，也就是企业对于商品价值的承诺，如果受众接受这个承诺，就会愿意为这个商品买单。简而言之，品牌是商品价值的承诺。质量好的商品价值也高，它与品牌的成功是相辅相成的关系。要做好品牌包装，企业需先做好以下几方面的工作。

(1) 品牌战略。品牌战略是指企业为提高品牌的竞争力而进行的围绕企业及其产品品牌所展开的形象塑造活动。品牌战略的直接目标是建立和培养名牌，实施品牌战略，核心在于使自己的品牌让买主一眼就能看出来，一下子占据买主的心智，心甘情愿地购买。品牌形象是商标、标志、核心图形图案，这就要求现代企业必须把自己的品牌打上"我"的烙印，在茫茫商海里独树一帜，打出独具个性的品牌。品牌是一个企业的灵魂，它使消费者形成对企业的认知，是企业文化最外在的体现。

(2) 品牌命名。品牌名称命名应遵循易读、易记的原则。第一，简洁。单纯、简洁明快的名称非常易于传播。第二，独特。品牌名称应具备独特的个性，避免与其他品牌名称混淆。第三，新颖。名称要有新鲜感，赶时代潮流，创造新概念等。第四，响亮。品牌名称要易于上口，难发音或音韵不好的字都不宜作为名称。第五，有气魄。品牌名称要有气魄，具备冲击力及浓厚的感情色彩。品牌名称是品牌的代表和灵魂，它提供了品牌最基本的核心要素，体现了一种社会属性和人文属性，是经济领域的一种文化现象。

品牌图形与品牌文字组合

(3) 品牌形象设计。品牌形象设计是指基于品牌定义下的符号沟通，它包括品牌解读及定义、品牌符号化、品牌符号的导入，以及品牌符号沟通系统的管理和适应调整四个阶段。它的任务就是通过符号沟通帮助受众储存和提取品牌印记。

品牌形象的视觉传达设计即品牌标记，是指品牌中可以被识别但不能用语言简洁而准确地表达的部分，如符号、标志、图形、图案和颜色等。

美团外卖品牌形象与衍生物及包装

（4）品牌与产品包装。包装是宣传品牌的载体，品牌是包装的要素，包装在品牌战略中站在市场的最前沿，是品牌的宣传员，也是塑造品牌成与败的关键环节，包装是品牌内在品质与品牌定位的具体体现。

（5）品牌包装的形象视觉传达设计。在包装设计中一旦确立了以品牌形象定位，就要以品牌形象的核心要素为主，产品名称、产品形象等要素在包装画面设计中就要放到次要地位。例如，兰蔻化妆品包装主画面只突出了品牌名与品牌核心图形。美团、京东等电商企业也是在各种包装上以突出品牌形象为主。

兰蔻化妆品品牌与包装，突出了品牌名与核心图形

京东品牌形象与包装及外卖快递提袋

2. 品牌包装的系列化设计

品牌包装的系列化设计为消费者提供了识别的便利，因为系列品牌包装设计中产品的共性可以方便消费者在卖场中寻找同系列商品。有的设计还巧妙地利用系列包装这样一个特殊的包装形式，把不同的盒子和各个展销面上的图像予以十分巧妙地连接，使其产生意想不到的视觉效果，给消费者留下深刻的印象。

同一品牌的系列化设计

化妆品包装系列化设计

品牌包装系列化设计的基本要求如下。

(1) 风格统一。系列化设计的主要特点是成组、成套地对一系列产品进行统合设计，是一个彼此相互关联的整体规划。系列包装设计首先应注意的是其整体特征，也就是说要具备一定的视觉风格和形象差异。因为，只有强烈而独特的视觉风格与特性才有可能与其他商品或其他同类商品相互区别，建立自身的品牌特征，进而引起消费者的关注。

(2) 求异存同。因为系列商品中存在着不同规格、不同内容、不同成分、不同属性等多种不同特性，所以在注意统一风格的同时还应注意具体商品的特征和个性的表现，在统一中求变化、变化中求统一，既不失系列设计的统合性(共性)，又不乏表现单项设计的灵活性(个

品牌包装的系列化设计

性)。既不单调平淡，又不繁杂混乱的辩证统一是真正达到系列化设计"统一性"的途径。

(3) 相对稳定。品牌形象的稳定应在一定的时间和程度上保持其特有的风格和独特式样，这也是市场与消费者认知和了解品牌并在此基础上产生信任所必需的过程和途径，没有稳定便意味着失去得到信任的可能。品牌如此，包装设计风格同样如此，图像记忆的持续性和连续性及习惯于那些已经熟悉的事物是人类行为的一种规律，尊重并利用这种规律就能使系列包装设计在塑造和表现的风格上相对稳定，赢得消费者的喜爱。

(4) 持续发展。包装设计应随时间、地点(市场及客观环境)、人群(消费者)等因素的变化而发展的。社会在发展、市场在变化、产品在更新，人的物质与精神需求在不断变化，包装设计只有不断推陈出新才会适应这种变化，只有发展才有可能预测和跟踪变化，以持久占领市场。

(5) 统合设计。系列设计的主要特征是成组、成套、成一定规模的统合设计，这给设计创造了一个更大、更充裕的范围和空间。如果将其他单项设计比喻为独奏的话，系列设计就可以称为合奏，合奏的条件是多种乐器的搭配与组合，其中各有特色、各有分工，在共享一个统合的节奏与旋律中优势互补、交相辉映。

(6) 度身定做。包装设计师要根据消费者或者委托人的要求去创作一件设计品，作品既要满足客户要求，又要具有艺术感染力。

（7）品牌个性。品牌个性表现在具体的视觉形象上，要形成独特的视觉化语言，产生强烈的视觉冲击力。例如，绝对的完美——"绝对伏特加"，品牌个性强烈。酿造绝对伏特加的瑞典公司已有100多年的历史(1879至今)，所生产的顶级伏特加不但口感滑润，而且质量无与伦比，其品牌所体现出来的完美和无穷创造力更是为世界各国的消费者所肯定。

绝对伏特加

（8）有性格的品牌IP形象更具亲和力。以前的品牌靠一个图形、一个符号也许就能占领用户的心智，但如今各种品牌的包装设计五花八门，仅有这些简单的标识已经不够了。因此，品牌IP化是现在企业品牌形象设计出现的新形式，企业打造拟人化的、个性鲜明的IP形象或IP系列，以吸引粉丝，增加亲和力。品牌形象的功能由单纯的视觉识别提升到能够获得用户情感共鸣和精神寄托的层面。品牌IP化追求的是用户对企业、产品和品牌价值和文化的认同，品牌逐渐变得有温度、有人格魅力，个性特征鲜明，更容易互动了，而包装是品牌IP化最好的表现与承载媒介，这些都是企业无形资产的新增项。例如，M&Ms品牌IP形象的动漫卡通系列，是对字体视觉符号的有益补充。

M&Ms品牌视觉形象突出强烈　　　　　　　　　　　M&Ms品牌有IP形象的包装

　　这组图是笔者为金星外销品牌设计的品牌标识形象重塑与酒系列包装。该设计采用同一品牌下的系列化设计，既突出新的品牌形象，又使不同品种的产品在同一品牌下不失个性化表现。例如，金星高粱酒的包装风格典雅、金星五加皮酒的包装色彩浓郁、金星玫瑰露酒的包装气质高贵，这些设计都要依赖于设计者对不同产品特性的深入了解。该设计获中国之星大奖，并入选《中国品牌设计年鉴》首卷。

金星老商标缺乏品牌个性

新的金星品牌字体与图形设计

金星品牌形象及高粱酒包装瓶形与盒形

各种产品都统一在金星品牌之下，形成系列

　　系列商品中存在着不同规格、不同内容、不同成分、不同属性等多种不同特性，所以在注重统一和风格化的同时还应注意具体商品的个性特征表现。

3. 品牌个性是成功的关键

怪物能量饮料(Monster Energy)在上市后短短几年就席卷了整个市场。它提供的不仅是功能饮料这一产品，还契合了人们心底里的疯狂："释放野性"！"怪物"的外包装有些恐怖，在黑底上打了一个M形荧光绿色爪印，品牌个性在外包装上体现得淋漓尽致。

"怪物"的生产商汉森天然饮料公司1935年成立于美国加利福尼亚州，以前主要生产"天然苏打水"和"果汁饮料"，是一家毫无名气的小公司。而当时的美国市场，消费者正开始把兴趣从碳酸饮料转移到"冰爽茶"之类的新型饮料上。1997年，"红牛"登陆美国，并以功能性饮料的定位迅速风靡市场。随后汉森也决定进入当时不被看好的能量饮料市场。事

怪物饮料罐上的图形有些恐怖

实证明，汉森及时抓住了饮料业变化的潮流，迈进了更宽阔的市场。2002年，汉森推出面向18～30岁男性消费者的能量饮料Monster(怪物)，炫酷的名字，加上系列颜色罐身上的M形鬼爪标志，很快就吸引了年轻人的目光，饮料品牌一炮打响。同为功能饮料，作为后起之秀，"怪物"时时都在强调自己与同类产品"红牛"的差异：红牛的招牌广告词是"红牛给你力量"，偏向于饮料"功能"诉求；而"怪物"则强调"释放野性""向平凡宣战"，将产品和年轻人渴望"实现超越"的愿望结合，把产品提高到"情感"的层次。

"个性化的品牌形象有时就是一切。"在谈到"怪物"的成功时，美国《商业周刊》杂志指出，当顾客在便利店中同时面临着上百种选择时，一个容易识别的品牌，完全可以改变一家饮料公司的命运。精于外在，使"怪物"迅速拉近了与目标消费群体之间的距离。

怪物品牌个性视觉化表现

怪物饮料罐上的鬼爪标识
突出醒目，个性极强

怪物与红牛在超市中同台打擂

4. 品牌形象的艺术化扩展在包装上的应用

品牌形象的艺术化扩展也是品牌推广的重要手段，最直接的就是这种艺术化手段在包装上的应用，某种意义上也是品牌个性的诠释，它能使品牌个性更加明晰、突出。例如，星巴克咖啡会将品牌的个性化、艺术化体现在包装上。此外，像绿色这一星巴克品牌的标志性色彩，在包装中都会体现。

星巴克品牌形象在包装上的艺术化扩展

房子造型包装

星巴克饮品与食品的包装

可口可乐瓶身的形象已深入人心，这是一组以可乐瓶为元素，采用延展思维进行的艺术创作，借鉴了纯粹艺术和观念艺术的思维方式和表现形式，可乐瓶主体的变化与装置艺术的界限已很模糊。这样的艺术化扩展可使可口可乐的品牌形象更加生动。

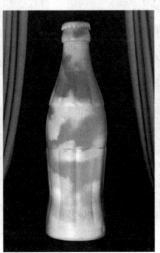

可口可乐瓶的艺术创作

5.1.4　由企业形象定位入手的包装设计

　　现代包装已作为企业形象的承载与传播媒介，这体现在主题包装的大量出现上。例如，生肖主题产品包装，把产品和十二生肖元素与包装结合起来，深受人们青睐；奥运主题产品包装，各赞助商都把奥运主题的元素与包装结合在一起，既宣传了奥运会又宣传了企业与产品，可谓一举两得。

鼠、猪、蛇生肖主题包装

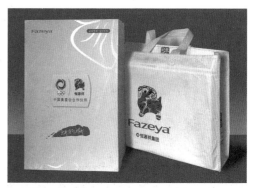

恒源祥与中国奥委会合作主题包装

　　这款酷劲十足的酒标，是由创意公司The Creative Method设计的。这款酒生产的目的并非要推向市场，而是送给客户作为礼物，达到企业与客户沟通与树立良好企业形象的目的。

　　各大电商互联网公司近年还推出月饼礼品创意包装和员工礼盒，作为与客户和员工增进感情、提升企业形象的手段。这些礼盒外观多定位于年轻时尚，包装设计上打破传统手法，多采用黑、白等纯色，设计风格简洁另类有个性，以彰显企业精神。

礼品酒的创意酒标

顺风企业形象月饼礼盒包装

腾讯企业形象月饼礼盒包装

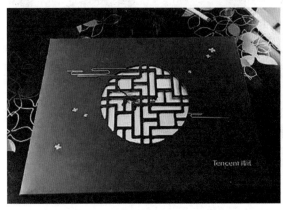

腾讯月饼礼盒包装

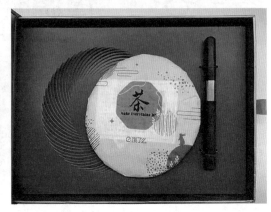

饿了么员工礼盒包装

5.1.5　由文化定位入手的包装设计

1. 反映民族与地方文化特色

包装设计文化的民族性主要表现在包装设计文化结构的观念层面上，它反映了整个民族的心理共性。不同民族、不同环境造成的不同文化观念，直接或间接地表现在自己的设计活动和产品中。例如，德国设计的严谨、理性的造型风格，日本设计的新颖、灵巧的特点，意大利设计的优雅、浪漫情调等，这些特征无不诞生于不同民族的文化观念的氛围中。中国的传统包装设计多寓意喜庆、吉祥与圆满，形式完整、构图对称，折射出汉文化内敛、中庸、向善的特征。

每个民族的包装文化都属于各自的设计文化系统，每个民族不同时代的包装文化也形成了不同的设计文化体系。包装设计文化系统里包含了一些共性的文化因素和一些个性的文化要素，前者表现了包装设计文化的普遍性，后者表现了包装设计文化的特殊性。

民族风格的茶罐包装　　　　　　　　形体结构与自然竹材料结合　　　　　　　民间花纹图案的运用

今天，包装设计已形成了一门综合性艺术，它是把现代科学技术与艺术设计相互结合、相互渗透的一种创造性活动，可以成为反映一个国家、民族和地区的经济、文化发展水平的重要标志。我国的传统文化艺术在人类文化艺术宝库中占有极其重要的地位，在包装设计中应充分体现中华民族悠久历史形成的文化传统和艺术特色，具有中国传统风格的商品包装所表现出来的浓郁民族特色，造型典雅，富于文化内涵，不仅满足了人们心理和生理上的审美需求，更体现了民族的文化自信。

在包装设计中，如何进行传统文化资源的转译，使之再生并构建符合现代审美观的新的视觉符号，需要不断地研究、探索与实践。笔者设计的这组高粱酒包装，经过对老包装的设计改造后，民族文化风格更加浓郁统一，新的品牌标识以代表中国文化的扇形为主要图形符号，品牌形象更明确。该设计获得"中国之星"全国设计大赛银奖。

金花牌高粱酒老商标文化属性较弱

金花牌高粱酒老包装色彩
纷乱，装饰元素混杂

金花牌高粱酒新的品牌标识
以扇形、书法字为视觉元素

采用扇形、书法字体等元素呈现出传统形式美感的包装

金花牌高粱酒的出口包装

2. 包装设计中的传统文化特色

在中国，受传统工艺美术品的影响，民族风格的包装设计多借鉴青铜器、彩陶、瓷器，以及民间民俗文化中的葫芦、龙灯等形体结构，来设计和制作容器和外包装形象，使其具有审美的传承性和丰富的民族文化意味。

传统民间工艺美术的图形装饰性极强，简洁单纯、稚拙生动，具有深厚的民俗背景与生活色彩。民间美术中蜡染、扎染、织染、剪纸、脸谱、皮影图形更是被广泛应用于传统包装设计之中。图案纹样是包装设计中常用的一种装饰手法，也最能体现民族风格的艺术效果，如云纹、彩陶纹、砖画纹、铜器纹、藻井纹等，都是极具民族特色的典型图案纹样。在色彩应用上，具有民族风格的包装设计上，多利用古代习用的某些色彩，如红、黄、绿、金等象征吉祥、喜庆。

中国传统绘画题材广泛、风格多样，丰富的民间绘画艺术，如壁画、年画等形式，亦具有浓烈的东方艺术装饰美。汉文字源于图像，极具装饰意味，能很好地表达商品特性。篆书古朴高雅，隶书稳健端庄，草书奔放流畅，宋体字工整，黑体字极具力度……篆刻印章则具有集书、画、雕刻为一体的独特装饰效果。中国书画艺术及金石篆刻在包装设计中的应用，能突出商品的文化品位与民族特征。

　　在材质的运用方面，自然材料，如竹、木、席、草、叶等在传统包装容器中应用较多，同时绳线还可以编制出各种具有寓意与象征性的绳结来丰富包装形象。

　　金钟牌五加皮酒历史悠久，出口东南亚各国，但由于过去的包装档次低，运输中的破损率高，给出口造成很大损失。笔者受委托设计了新的品牌标识与系列包装，这组系列包装结构上的创新点在于具有可展示的功能。仿古木质材料、黑釉瓷、粗麻与绸缎丝织物配合，既古朴典雅，又起到很好的保护功能。包装分为纸质包装和木质包装，造型古朴，紫、红、黑、金色的应用，书法字体的选用，这些元素的组合，整体彰显出浓郁的民族传统文化特色。该包装荣获华北设计艺术大赛一等奖，被天津市政府选为外事礼品。

五加皮酒外包装为具有展示功能的仿古木盒

五加皮酒品牌标识

系列包装古朴典雅，具有浓郁传统文化特色

3. 包装设计的地域文化元素

　　带有地域文化元素的包装设计是对本地区及本民族审美趣味、文化传统的关注，有助于赋予包装设计功能性以外的文化精神价值，这样的包装设计强调心理、社会、文化与环境方面独特的体验性。不同地域文化形态的差异是包装设计的重要灵感来源。

　　例如，老婆饼是中国香港地区极富传统特色的一种食品。下面这套包装设计图形具有浓郁的地方特色，使用的黄和紫互补色与地方图案使整套包装朴拙又不失典雅。与之类似，俄罗斯车里雅宾斯克州的纪念品标志造型及包装品设计，具有异域风格。

老婆饼特色包装设计

俄罗斯车里雅宾斯克州的纪念品设计

包装设计使用了独特的地域文化元素，特点鲜明，极富个性

5.2　包装设计创意的新理念

5.2.1　个性化包装设计

现代包装在满足诸多功能性要求的基础上，更须注重有独特创意的个性化表达。产品之所以能够吸引消费者的注意，正是因为它们满足了现代社会人们追求个性化的心理需要。

随着包装设计水平的不断提高，同类产品越来越趋于同质化，企业间的竞争在一定意义上已转化为形象力的竞争。设计不仅仅是简单的视觉刺激，更重要的是创造出与顾客的信息交换和情感交流，这也为个

钢琴式趣味包装

性化包装设计营造了更多的空间。生活方式的变化，经济能力的增强使得人们追求特色的意识增强，包装更有个性，才会有市场与发展，才能满足消费者的多种需求。

包装可以赋予产品独特的个性，当设计以各种各样的形式满足人们对美观与实用的需要，以时尚和潮流的名义一批批地复制传播的时候，很多人在对设计的追求上又开始了另一个方向的努力，即彰显个性、展示自我。例如，法国高档香水的个性化瓶形和包装，富有神秘的魅力，显示出独特的浪漫情调。包装的造型和色彩都显得既有个性又优雅高贵。再如，用牛仔裤作为啤酒包装，突显粗犷豪爽的男子气概和野性的气息。

高档化妆品个性化瓶形与包装

用牛仔裤作为啤酒包装尽显粗犷豪爽

个性化包装设计离不开独特的创意，创意能够增加商品的附加值。创意是设计师对既有传统的一种突破，是运用创造性思维科学地开拓新视觉印象和新生活方式的过程。包装设计发展到今天复杂的综合竞争的时代，仅利用图形和文字组合表述已经很难提起消费者的兴趣。因此，要使包装设计有竞争力就要有独创性，这需要设计师对有关设计问题的独立思考，想消费者之所想，想竞争对手之所想不到，要在市场的夹缝中找出路，在通过详细的调研、独立的观察和思考后，根据现实情况提出合情合理的见解，才能为创意独特的包装设计打下良好的基础。

手提箱式个性化月饼盒包装

创意离不开想象、联想与意象。想象，指在知觉材料的基础上，经过新的配合而创造出新形象的心理过程。对于不在眼前的事物想出它的具体形象。想象是比联想更为复杂的一种心理活动，这种心理活动能创造出实际上并不存在的事物形象，但其依旧源于客观现实，它能有力地推动我们的创造性思维。联想，是创意的关键，是形成设计思维的基础，指由某事某物而想起其他相关的事物。客观事物之间是通过各种方式相互联系的，这种联系正是联想的桥梁，通过这座桥梁，可以找出表面上毫无关系，甚至相隔甚远的事物之间的内在关联性。通过联想，可以开拓创意思维的天地、打开创意思维的通道，使无形的思想朝有形的图像转化，创造出新的形象。意象，由联想与想象得到的意念，最终以视觉形象传递一种完整的概念，这种意象的转化是形象素材的寻找、收集、整理，也是寻找创意的表现。

以字母为元素的个性化酒盒包装

以褶皱为视觉概念设计的欧德托伊莱特香水，肌理感强

但创意、创新的过程中也要注意，独立见解会承担一定的设计风险，因为具有独立见解的设计也许一时不能被大多数人理解，见解越独特被社会、大众接受的时间就越长，付出的代价也就越大。但同时也应当看到，正是由于这种设计可能是一种观念或者技术上的革命，所以一旦被大众所接受，其影响力将是不可估量的。

5.2.2　人性化包装设计

1. 人性化包装设计改变生活方式

人性化包装设计着眼于产品包装的功能性，是包装增值功能的体现，甚至能改变人们的生活方式。回顾若干年前，我国普通大众还都提着袋子和瓶子在零售商店打散装油、买散盐。短短十几年间，生活用品、粮油食品、家用电器等众多的商品包装已与发达国家相差无几。可重复使用的各种提袋代替了草编篮子，沐浴液由气压瓶代替了螺旋盖、塑料饮料瓶代替了玻璃瓶、一次性饭盒代替了铝饭盒。

方便面走入寻常百姓家是在20世纪90年代，那时康师傅方便面不仅附带纸质大碗和塑料叉，还多配置了一包牛肉酱料，此后康师傅成了方便面的代名词。在很长一段时间里，方便面是国人长途旅行的标配，极大方便了出行者，也方便了不想带饭上班和回家做饭的上班族。

由于生活水平的提高，人们逐渐不再满足方便面这种单一的食物，开始追求食物的美味、营养和健康化，外卖业务应运而生。遍布街头巷尾的外卖店，以及美团、饿了么这些互联网公司为外卖行业的发展奠定了基础。不过，外卖店的包装如何使食物在运输中更好地保温、保鲜、冷藏、环保和卫生，也是需要包装设计考虑的问题。

方便面的出现改变了人们的生活方式

饿了么外卖品牌与提袋

外卖包装随着外卖行业的繁荣越来越精制

外卖的运输包装要有保温、保鲜、保冷功能

2. 人性化包装设计的特性

"人性化"不是一句时尚口号，而是让使用者真切感受到方便和快捷。当我们轻易地拉开一个易拉罐包装的时候，当我们拎着一个手提袋发现提手的手感柔和并觉得省力的时候，当我们拿起吸管打算喝热饮，发现杯身上的温馨提示"不能用吸管喝热饮"时，都会让我们感受到亲切。

方便使用或食用已经成为当今评判包装好坏的重要标准。例如，燕窝这样的高档补品，过去要经过复杂的炖煮才能食用，而现在出现了很多即食燕窝，并有详细的食用说明，极大地方便了消费者。方便包装的出现方便了我们的生活，人性化

燕窝也能即食

的包装设计也已经在不知不觉中提高了我们的生活质量。

(1) 便利性。便利性要求商品携带、开启、使用和保存都非常方便，为满足这些要求，设计时可以让包装带上提手、罐头带上简易的开启装置、易碎的玻璃用盒装等。在快速消费品的包装中，一款包装的自重、易打开程度、携带的便利性等都会影响消费者的购买抉择。过去我们经常把包装的重点放在如何将物品包得更加严密结实，以避免损坏商品，但对于如何打开产品包装却很少考虑，结果造成包装的开启不仅费时、费力，而且开启效果也不好。例如，以前的很多塑料包装，要想打开必须借助剪刀等辅助工具，割伤手的现象屡有发生，不但影响了产品的整体形象，也挫伤了消费者的购买热情。现在此类包装的产品大都有个小口，轻轻一扯便可以打开，方便了消费者。

外卖咖啡提袋内的保护装置

口服液便利的拧盖

金属罐的拉环

　　包装设计如何满足人们安全方便地使用是设计师要考虑的重要因素，如设计师应该根据包装尺寸合理编排应出现的文字内容，不仅要求美观，而且要便于阅读。有些商品还要考虑一些特殊人群的使用，如老人、儿童等。例如，现代药品包装已经不仅只是满足保护药品卫生，还要考虑如何避免儿童误食、方便老人食用的安全功能要求。如一家药品公司在为其开发的一款药品设计包装盒时，考虑到药物可能会对儿童的安全造成影响故增加了开启的难度，通过包装盒上的模切线打开，开启纸盒需要一定的力度，这样的开启方式对成年人来说很简单，但对儿童来说就比较困难，从而有效地避免了儿童误开、误食的情况发生。针对老人活动不方便，公司将治疗哮喘药的瓶子设计得更加小巧，易于抓取，剂型选用喷雾，这样更方便使用。可以看出，便利安全的包装设计本身就是为了更好地保护消费者的利益。

　　好的包装设计往往注重细节，如今的消费者需要商家去观察、了解并从细节上去满足他们，一款打动消费者的包装更应该反映厂家对于细节的注意。例如，一家奶品公司推出了"旋转盖"，成功解决了使用吸管在饮用果奶时的二次污染问题。儿童是个备受重视的群体，而儿童又是最"马虎"的消费者，用脏手拿吸管去饮用果奶产品似乎是司空见惯的事。旋转盖包装通过旋转打开封口后就可饮用，杜绝了使用吸管的二次污染，同时也使饮用更加方便。这一细节创新为该公司赚取了丰厚的利润，这就是关注细节而取得的成功。

　　法国依云矿泉水在1999年重新进行了包装设计，原因是很多消费者希望产品能在走路时方便携带。新包装在瓶子中间设计了一个手纹凹陷，顶部的拉环与一只吸管相连，方便饮用。这种设计打破了大多瓶装水的设计，把瓶口放在瓶子顶端的一侧。该设计被认为是第一次从消费者的角度去考虑和设计，既实用又美观，体现了设计上深层次的人文内涵。该包装上市后备受欢迎，被认为是外出旅游的贴身伴侣。因此，站在消费者角度考虑的设计包装，对建立品牌偏好度和忠诚度有着潜移默化的巨大作用。

依云矿泉水包装

　　(2) 便携性。包装的出现使产品具有了便携性。以饮料为例，从散装到玻璃器皿装，一直发展到如今的PET瓶，主要考虑了消费者的"移动性"。带吸管的纸质酸奶包装出现后大家可边走边喝，再也不用等在那里喝完后退瓶。常见的商品便携包装结构主要有手提式、悬挂式、开放式、开窗式、封闭式等几种形式。在不经意间，包装设计就这样给我们的生活带来了各种便利。

生活中使用的各种便携式包装产品　　　　　　　小包装产品方便分次食用

有温度显示的红酒瓶提示最佳饮用时间　　　　茶水已经成为一种饮料可随身携带

◆ 5.2.3　包装中的科技

　　包装是科学与艺术相结合的产物。例如，铝箔热封餐盒，通过复合工艺解决了耐蒸煮、热封口等食品包装上的需求，这不仅延长了食品的保质期，还能保持食物最原始的口味。再如，玉米淀粉基餐盒可耐热150℃、耐冷-40℃，并且不渗漏、抗油脂，可降解成水和二氧化碳。我们以饮料食品包装为例，看看包装中的科技含量，目前的饮料食品包装中使用了多样化技术，满足现代人不同层次的消费需求。其中，无菌、方便、智能、绿色是饮料食品包装发展的新时尚。

1. 无菌包装

无菌包装通常是使用铝箔作为阻隔材料制成的盒包装。随着科技的进步，通过对各种包装材料性能的研究和改善，无菌包装的材质种类已经越来越丰富，如用树脂材料和聚乙烯材料制成的饮料瓶，以薄膜类为基材的包装材料。

目前，无菌保鲜包装在各国的饮料食品工业中最为盛行，其应用不仅限于果汁和果汁饮料，也用来包装牛奶、矿泉水和葡萄酒等。此外，无菌保鲜包装也常在肉类食品包装中使用。

2. 智能包装

智能包装通常采用光电温敏、湿敏、气敏等功能的包装材料复合而成。它可以显示包装空间的温湿度、压力及密封的程度、时间等一些重要参数。智能包装还可提示食品是否变质，如果食物感染了某些可能导致疾病的细菌，智能包装还能警示食用者食物已变坏。此外，智能包装技术还能为缺乏保鲜措施的食品出口商提供帮助，厂商可通过卫星去跟踪、监督运往海外的食品在运输途中的温度变化，使其产品能够安全地出口到国外。

3. 方便包装

方便包装利用光能、化学能及金属氧化原理，使食品在短时间内实现自动加热或自动冷却，满足室外工作者、旅游者、老人及儿童的需要。例如，自冷式饮料罐，内装有压缩二氧化碳的小容器，在开启时二氧化碳体积迅速膨胀，可在9秒内使饮料温度下降到4.4℃；自热锅利用生石灰与水混合产热的原理，开发了火锅、盖饭等自热包装，可在20分钟内做出一顿美食；利用金属氧化原理开发的自热方便罐头，可使罐内面条5分钟内煮熟。这些包装的目的都是便于消费者食用。

4. 绿色包装

由于环境污染日益严重，越来越多的国家倡导绿色生活，随即全世界范围内掀起了以保护生态环境为核心的绿色浪潮。越来越多的消费者倾向于选购对环境无害的绿色产品，采用绿色包装并有绿色标志的产品更容易被大众接受。

近年来，包装产品从原材料提取到最终废弃物的处理，整个过程都被作为研究对象，进行量化分析与比较，以评价包装产品的环境性能。例如，利用大豆蛋白质、添加酶和其他处理剂制成大豆蛋白质包装膜，用于食品包装，能保持良好的水分、阻止氧气进入，与食品一起蒸煮，既易于降解减少环境污染，又可避免食物的二次污染。

5.2.4　简约包装设计

简约包装意味着抛弃烦琐过度的装饰元素，崇尚自然的、功能性的结构之美，简约而不简单。这一设计理念是在近几十年来奢华包装大泛滥的背景下产生的，为了使包装设计在市场上与众不同，一部分设计师采用逆向思维的设计方法，不再通过追求华丽、繁复、怪异的形式，或是绚丽的颜色来吸引消费者，而是转向通过结构的巧妙和材质本身的朴素美来打动消费者。这种独树一帜的设计立即得到了市场的认可，并对包装设计的发展产生了深远影响。

简约的毛线球包装

瓦楞纸广泛用于玻璃等易碎品的外包装，
既保护杯子，又节约材料和空间

包装的结构美

包装用素雅的颜色

简约的瓶子包装，颜色单纯

简约包装的一个典型品牌代表是"无印良品"。品牌艺术总监、著名设计师原研哉表示："无印良品的理想，是它生产出来的商品一旦被消费者接触到，就能触发出一种新的生活意识，这种生活意识最终启发人们去追求更加完美的生活样式。"在这种思想的感召下，无印良品从包装设计到店面设计，几乎全部采用自然材料或再生材料。从品牌形象到包装设计，没有多余的装饰，色彩简单而自然，实践简约与环保的企业理念。

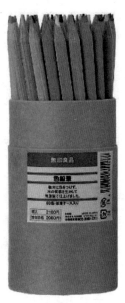

无印良品追求简约、自然的理念

5.3　绿色包装设计

5.3.1　绿色包装设计的必要性

绿色包装是指对生态环境无污染、对人体健康无害、能循环和再生利用的包装。其内涵为资源的再生利用和生态环境保护，它意味着包装工业的一场新的技术革命。

以前的产品设计是以人为中心，销售产品为目的，包装为形式。产品使用后的包装处理与循环形式都不在考虑的范围内，包装材料几乎都是使用寿命短、量大、废弃后难以降解的废弃物，这对环境和人类造成严重危害。现在的包装设计在关注包装产品的同时，还要关注包装物的最终去向，更注意包装物的整个生命周期各环节对生态环境的影响。

科技革命既给社会生产力带来了突飞猛进的发展，为人类创造了巨大的物质财富，又形成了前所未有的破坏力，对环境造成了

人类如何摆脱塑料产品的困扰

严重污染。包装业是造成污染的重要行业之一，而回收情况除纸箱、啤酒瓶和塑料箱比较好外，其他产品的回收率相当低，我国每年产生的包装废弃物在重量上约占城市固定废弃物的1/3，而在体积上则占1/2，且还以每年10%的速度递增，包装废弃物造成的环境污染严重影响到社会经济的可持续发展。因此，如何有效控制包装污染，全面推广绿色包装设计已成为公众关注的一个焦点。

这种没有经过回收处理而被随意丢弃的包装在我国的城市中经常能看见，这些都给生态与环境造成严重伤害。造成这一现象，一方面是丢弃者公共卫生保护意识不强，但更重要的原因是包装回收再利用制度不健全

绿色包装可使资源、能源得到最大限度的利用，使包装对环境的影响减少到最低或完全无污染，这样做既顺应了国际环保发展趋势又迎合了世界范围内的绿色营销新浪潮，更重要的作用是有利于中国产品冲出国际贸易的绿色壁垒，提高企业的经济效益与国际竞争力，使我国经济走上一条可持续发展的良性循环之路。

几只绿色的手工纸容器

利用啤酒瓶建造的小屋　　　　　　　　　　　利用废弃酒瓶做的创意作品

不过我国在包装设计的基本理念上还存在一些认识上的误区，认为商品包装设计只是唤起消费者的购买欲望，促进商品销售，获得经济效益的重要手段。在这种观念的作用下出现了大量只顾眼前利益的包装设计，设计人员很少或根本没有考虑有效的资源再生利用及包装对生态环境的影响，加之我国包装行业产业化水平仍然较低，导致包装的使用和回收及处理系统不完善。此外，在大多消费者心中对绿色包装的认识不够全面，存在着一些片面或错误的理解，如"使用环境易降解材料制成的包装产品就是绿色包装"，甚至提出全面"以纸代塑"的口号。设计师作为社会发展的规划者和领导者，不仅需要准确捕捉并理解生产者、消费者各方面的不便和诉求，更要面对问题提出解决方案，而且必须具有超前的目光和全局的观念，绿色不只是一种色彩，也不仅仅是某种材料，更是一种意识的觉醒，是一种生活方式，是人类生存的艺术。

包装设计绝不能仅仅考虑某个企业或某个个体，而必须将其作为整个社会大系统中的一个有机组成部分来考虑，它不能给系统的其他组成部分带来危害和负担、降低社会系统的效率。就当前形势来看，我们必须根据实际情况分阶段对绿色包装进行研究及设计。

下例中这个水瓶的包装就融入了节约水资源的绿色环保理念。设计者进行了调查，当今人们喝瓶装水剩水的现象非常普遍，有的甚至只喝了几口便扔掉，造成资源浪费。于是，设计师便想出设计一款瓶装水，取名为"一点不剩"，以提示人们珍惜水资源，养成不剩水的好习惯。

"一点不剩"设计理念

由于世界缺水严重，且人类对水资源利用不合理。基于此，我们做了一款可以提示人把水喝完的瓶装水。

"一点不剩"视觉形象设计

品牌名称为"一点不剩"，取其直接含义把水喝完。

LOGO

辅助图形

"一点不剩"瓶装水文创品牌包装设计

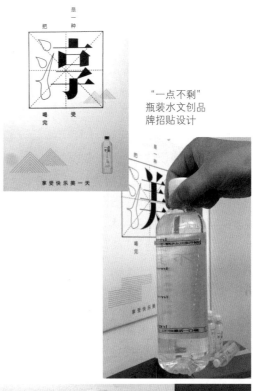

"一点不剩"瓶装水文创品牌招贴设计

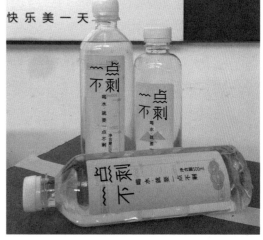

5.3.2　绿色包装设计的创新方法

绿色包装设计创新，可以分为如下三种方法。

1. 包装改良

包装改良是指从预防污染及保护环境的角度考虑，调整并改良正在使用中的产品。主要的包装改良方式有如下几种。

(1) 选择适当材料，减少对环境有害材料的使用，如含毒或不易降解材料等。

(2) 尽量不添加对人体或者环境有害的原料添加剂。

(3) 减少包装制作过程中废水、废气的排放。

(4) 选择最适当的废弃物处理方法，识别包装中不同种类的材料，并依据类别分别做好回收、净化、降解等工作。

(5) 树立包装在使用、重新使用，以及丢弃等方面的责任意识，引导使用者做完善的分类处理。

2. 包装再设计

包装再设计是指包装整体观念不变，但包装的某一部分经过进一步的设计或被其他包装形式所取代。包装再设计有四大目标：第一，增加无毒物质的使用；第二，增加拆解性与回收性；第三，增加包装及剩余原料的用途；第四，在包装的各生命周期中减少能源的耗用。

为了实现上述目标，要真正从设计的角度来具体发展绿色包装，设计师须建立起绿色包装设计标准：

(1) 尽量使用再生材料与可回收材料。

(2) 尽量减少不同材料的组合。

(3) 商品包装要易于制作。

(4) 包装应确保使用者安全。

(5) 考虑包装如何使用和用后处理。

(6) 包装造型结构尽量简化，并避免过度包装。

(7) 考虑包装重复使用，或者完成包装功能后再作他用。

(8) 研究可食性包装。

(9) 包装可实行模块化和可拆卸化。

(10) 使用回收时与包装材料易于分离的附属印染材料。

除以上设计标准外，设计师还要考虑包装丢弃时应便于垃圾分类，并将其恰当应用到包装收集、回收及重新使用等设计思想中。例如，通过优化瓶身设计，可口可乐公司的塑料年用量减少了近700吨。瓶子上的压敏标签现在使用新型的黏合剂，在回收过程中可将标签与瓶子分开，进一步提高了包装的可回收性。

不可拉离拉环的掀扭式易拉罐，易于整体回收处理

利用自然材料制作的容器

再生纸包装，可重复利用、回收、降解，非常环保　　　　食品包装必须使用无毒物质的材料

3. 包装观念创新

对包装观念进行创新，指对包装这个观念有了一个全新的认识，包装发挥功能的方式已经改变。此时，包装设计进入非物质化时期，在信息社会这样一个"基于提供服务和非物质产品的社会"，物的设计转变为非物的设计，包装的设计转变为服务的设计。非物质产品社会中消费者可以只使用其功能，而没有拥有此物品的必要，支持服务功能的物质设备最终将由生产商负责处理。因此，商品被重新定义为不是用来所有，而是用来使用的。这将要求制造业从根本上进行业务形态的变革，资源能源回收效率与循环利用速率将会得到极大的提高，实现可持续发展。

由农业社会到工业社会，再到信息社会，人类越来越远离自然，资源也越来越匮乏，人们已经意识到和谐、完整的世界是如此宝贵。因此，可持续发展的研究与实现变得极为迫切，绿色包装在建立人类良性生存环境的过程中占有极为重要的地位，这将需要一代又一代的设计师们为之奉献智慧和汗水。

使用可降解材料制成的包装称为绿色包装，它代表了包装设计未来的发展趋势

 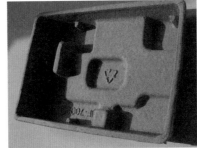   

思考题：

1. 包装设计创意灵感从哪里来？创意的依据是什么呢？

2. 如何理解"卖品牌"？

第6章　包装印刷工艺

本章概述：

本章主要讲述了包装的印刷原理与工艺，以及包装印刷后期工艺的种类。

教学目标：

了解包装的印刷原理及后期加工工艺的种类，并应用到包装设计实践中。

本章要点：

明确包装印刷工艺是为了满足使用要求和提高外观质量，好的包装设计应是用最少的印刷成本达到最佳的效果。

ALL　WEB DESIGN　LOGO DESIGN　ILLUSTRATION　PHOTOGRAPHY　VIDEO

6.1　包装印刷的原理与工艺

6.1.1　包装印刷的版式工艺

按印版形式的不同，包装印刷主要分为凸版印刷、平版印刷、凹版印刷、网版印刷等。

1. 凸版印刷

凸版印刷是印版上的图文部分是凸出来的，印版上墨后只有凸出来的图文部分能够沾上油墨，并在机械的压力下印到承印物上。凸版印刷在书刊、报纸的印刷中占有很大比重。

在包装印刷领域，凸版印刷主要使用感光树脂等新材料，无毒无害，主要针对食品和日用品领域，以及软包装材料。凸版印刷可提供丰富多彩的装饰表现形式，实现高品质的包装设计，可提供独具特色的包装材料和装饰表现方案。

凸版印刷还衍生了柔性版印刷，印版有一定的柔性，印版表面能够始终与纸板保持接触，可印刷表面非常不均匀的材质。

2. 平版印刷

平版印刷即通常说的胶印，其特点是印版上的图文部分与非图文部分几乎没有凹凸的差别，而是将印版经过物理和化学处理后，利用油水相斥的原理使印版上的图文部分亲油斥水，非图文部分亲水斥油，然后在印版上同时上水上墨，再将印版上图文部分的油墨转印到橡皮滚筒上，最后再印到承印物上。

平版的制版过程简单，印刷复制速度快，印版上的图文能够在承印物上留下色彩柔和、层次丰富的印迹，特别适合用于印刷复制彩色印刷品及大幅面的印刷品。

3. 凹版印刷

凹版印刷的特点是印版的图文部分是凹进去的，印刷时纸张并不与印版上的图文部分直接接触，所以凹版的耐印率很高，适合大批量印刷，但凹版的制版过程复杂，成本较高。

凹版印刷主要用于杂志、产品目录等精细出版物，以及包装印刷、装饰材料等领域。在我国，凹版印刷主要用于软包装印刷，并且逐渐在纸张包装、木纹装饰、皮革材料，以及药品的包装上得到广泛应用。

4. 网版印刷

网版印刷是使用涤纶、尼龙、不锈钢等材料制作成丝网，然后用丝网做制版材料，通过刮板在印版上刮动挤压，使油墨印到承印物上。

由于网版尺寸不受限制且质软，所以适合对不同材质的表面进行印刷，使用的承印物范围极其广泛。它可以在高档包装所使用的金卡纸、银卡纸、玻璃卡纸上印刷，还可以在塑料薄膜、金属、玻璃、各种棉织与丝织物，以及建筑材料等物体上印刷。

◆◆ 6.1.2　包装印刷的色彩工艺

1. 四色印刷和专色印刷

(1) 四色印刷，是用减法三原色及黑色进行印刷，即用黄、品红、青和黑四种颜色来进行彩色印刷的一种方法。四色印刷是印刷的种类之一，用于印刷的原稿彩色图像必须分色制成各自的分色片，加上黑色分色版，校正青色、品红色和黄色的油墨，提高印刷图像的黑度。

理论上，四色印刷可以获得成千上万种颜色。例如，用彩色摄影的方式拍摄的反映自然界丰富多彩的色彩变化的照片、画家的彩色美术作品或其他包含许多不同颜色的画面，都可以用四色印刷工艺来复制完成。

(2) 专色印刷，是指采用黄、品红、青和黑墨四色墨以外的其他色油墨来复制原稿颜色的印刷工艺。包装印刷中经常采用专色印刷工艺印刷大面积底色。

2. 色彩工艺应用范围

包装产品经常由不同颜色的均匀色块或有规律的渐变色块和文字组成，这些色块和文字可以分色后采用四原色墨套印而成，也可以调配专色墨，然后在同一色块只印一种专色墨。在综合考虑提高印刷质量和节省套印次数的情况下，包装多选用专色印刷。

(1) 视觉效果的差别。专色印刷所调配出的油墨是按照色料减色法来混合的原理获得颜色的，其颜色明度较低，饱和度较高，更容易得到墨色均匀且厚实的印刷效果。四色印刷工艺套印出的色块，色块明度较高，饱和度较低。对于浅色色块，采用四色印刷工艺，由于油墨对纸张的覆盖率低，墨色平淡缺乏厚实的感觉。

(2) 应用角度的差别。在印刷大面积浅色均匀色块时，通常采用调配专色墨实地印刷，这样墨层厚，比较容易得到色彩均匀、厚重的效果。如果采用四色印刷工艺，最好使用低成数的平网网点，注意墨色均匀。例如，某产品的包装设计画面中既有彩色层次画面，又有大面积底色，则彩色层次画面部分就可以采用四色印刷，而大面积底色可采用专色印刷。这样做的好处是四色印刷部分通过控制实地密度可使画面得到正确还原，底色部分通过适当加大墨量可以获得墨色均匀厚实的视觉效果。

◆ 6.1.3 包装印刷的纸质工艺

纸质包装的种类很多，有的以纸张的形式制作成商品包装容器或进行商品包装装潢，有的以纸板的形式制造成商品包装箱、商品包装盒、商品包装杯等，还有的纸材料用于产品的说明和广告印刷。纸类商品包装材料各有特点，常用的包括如下几种。

(1) 铜版纸。铜版纸具有较高的平滑度和白度，纸的质地密实、伸缩性小、耐水性好，印刷的图案清晰、色彩鲜艳。铜版纸广泛应用于商品包装，如各种罐头、饮料瓶、酒瓶等的贴标，高级糖果、食品、巧克力、香烟、香皂等生活用品的商业包装。此外，铜版纸还可以做高级纸盒、纸箱的贴面。

(2) 胶版纸。胶版纸是一种高级彩色印刷用纸，具有平滑、细密均匀、伸缩率小、抗水性好、印刷图案清晰等特点。胶版纸作为商业包装装潢用纸，其用途类似于铜版纸，但因质量较铜版纸差，所以仅作为商品包装中的一般彩色印刷与包装，以及挂面纸箱。

(3) 不干胶纸。不干胶纸一般是由基面基材、胶黏剂、底纸组成，主要用来印刷各种商品的商标、标签、条码等。由于所选用的表现基材品质都很好，所以在其上印刷的图文效果都非常好。

(4) 牛皮纸。牛皮纸因质量似牛皮坚韧结实而得名，是高级的商品包装纸，用途十分广泛。牛皮纸在外观上分单面光、双面光、有条纹和无条纹等，大多应用于包装工业品。

(5) 纸袋纸。纸袋纸是一种工业与商业包装用纸，强度大、坚韧，具有良好的透气性和防水性，装卸时不易破损。纸袋纸常用于包装水泥、化肥、农药等。

(6) 鸡皮纸。鸡皮纸是一种单面光的平板薄型商业包装纸，供印刷商标及日用百货、食品的包装使用。鸡皮纸一般定量为 $40g/m^2$，一面光泽好，有较高的耐破度和耐折度，有一定的抗水性。其特点是浆细、纸质均匀、拉力强、不易破碎，色泽较牛皮纸浅。

(7) 玻璃纸。和一般的纸有所不同，它是透明的，就像玻璃一样，故名玻璃纸。其所以透明，是因为它不是用纤维交织起来的，而是将纤维原料经过一系列的复杂加工后，制成胶状的液体形成薄膜，因此它的形态和塑料膜相似，性质也与塑料膜相同。玻璃纸主要应用于医药、食品、纺织品、化妆品、精密仪器等的商业包装，其主要特点是透明性好、光泽性高等。

(8) 羊皮纸。最早的羊皮纸是由羊皮制成的，现在的羊皮纸则主要是由植物制成。羊皮纸是一种透明的高级商业包装纸，又称硫酸纸。

(9) 瓦楞纸。瓦楞纸主要用于包装纸箱，归属于储运包装，其应用范围很广，几乎包括所有的日用消费品，如水果蔬菜、食品饮料、玻璃陶瓷、家用电器，以及自行车、家具等。随着社会消费的发展，越来越多的商品利用它作为销售包装，这使得纸箱的使用范围更广泛了。纸箱通常采用瓦楞纸纸板作为包装材料，其中应用最多的是单瓦楞、双瓦楞和三瓦楞等类型。纸箱设计对于标准化的要求是很严格的，因为它直接影响到货场上的整齐码放、货架上容积的有效利用，以及集装箱的合理运输。同时还要充分考虑到在运输过程中的保护功能，如封口开裂、鼓腰、结合部位破损等问题，都与纸箱结构的设计有关。

6.2　包装印刷后期工艺

包装印刷的后期加工，是在印刷以后为了满足使用要求和提高外观质量，对印刷品进行加工工艺的总称。

6.2.1　包装印刷后期工艺种类

常用的包装印刷后期工艺包括上光、UV 印刷、烫金、压印、起凸、覆膜、扣刀等。本节将对这些工艺进行简要介绍。

1. 上光

上光是在印刷品表面涂（或喷、印）上一层无色透明的涂料（上光油），经流平、干燥、压光后，在印刷品表面形成一层薄而均匀透明的光亮层的工艺。

上光包括全面上光、局部上光、光泽型上光、哑光（消光）上光和特殊涂料上光等。

2. UV 印刷

UV 印刷是一种通过紫外光干燥、固化油墨的一种印刷工艺，需要含有光敏剂的油墨与 UV 固化灯相配合。目前，UV 油墨已经涵盖胶印、丝网、喷墨、移印等领域。

在传统印刷界，UV 泛指印品效果工艺，就是在纸上过一层光油，效果为亮光、哑光、镶嵌晶体、金葱粉等。在包装设计中，也会使用局部 UV 印刷，以突出局部的字体或图案等。UV 印刷需要在四色版之外单独制版。

特种纸亮UV印刷效果

3. 烫金

烫金，是指烫印电化铝箔，即借助于一定的压力和温度，使金属箔或颜料箔烫印到印刷品或其他承印物上，以增加装饰效果的方法。使用烫金工艺在印前做版时就应设计出来，需要单独烫金版。

烫金是一种工艺的统称，它并不是指烫上去的只是金色，烫金纸材料分很多种，其中有金色、银色、镭射金、镭射银、黑色、红色、绿色等，品种多样，可任意选择，设计师可根据包装效果需要考虑使用。在使用烫金工艺时，设计师要关注颜色，如烫了劣质的黄色普通金反而显得包装档次低下，因此，加工时需要设计师特别标注说明材料和颜色。

烫印工艺可用于绝大多数包装产品，包括金卡纸、银卡纸、镭射卡纸及玻璃卡纸上的烫印，其应用范围较为普遍。布料织物烫金技术发展也较快，烫金后布料的整体效果显得雍容华贵与新潮时尚，越来越博得设计师的喜爱，从而在包装设计上广泛应用。

烫金面积的大小会影响成本的高低，所以设计时一般会小面积使用烫金工艺，与底色形成亮度与质感对比，如包装上的商标、品牌与产品名称等。

4. 印金印银

印金或印银就是在四色印刷之外的专色印刷，使用的是金色或银色等专色油墨。包装设计中最常用的是金和银，其印刷面积大小与成本差别不大，包装设计时可设计为大面积印刷。印金油墨可分为青金与红金，笔者在做包装设计时偏爱使用红金，进口红金油墨成本会较高但效果好。

织物裱糊烫古铜金，效果华贵
有历史感

铜版纸烫玫瑰金，效果时尚高档

铜版纸烫银，产生金属效果

5. 压印或起凸

压印是根据包装上图形的形状，以金属版或石膏制成两块配套的凸版和凹版，将纸张置于凹版和凸版之间，稍微加热并施以压力，纸张会产生凹凸变化。

6. 覆膜

覆膜是将塑料膜涂上黏合剂，将其与以纸为承印物的印刷品经橡皮滚筒和加热滚筒加压后黏合在一起，形成纸塑合一的产品。覆膜可为亮光膜、哑光膜，产出的包装品的外观效果不同。覆膜不需要印版或单独制版，设计师只需在设计时，在印刷要求中标出即可。

铜版纸烫金还可以实现压印起凸　　　　　　　　　铜版纸覆哑膜效果

7. 扣刀

扣刀又称压切，当商品包装印刷需要切成特殊的形状时，可先按要求制作木模，并用薄钢刀片顺木模边缘围绕加固，然后将商品包装印刷品切割成形。

铜版纸压切打孔效果　　　　　　　　　　　包装盒压切打孔效果

◆◇ 6.2.2　包装印刷后期工艺制作实例

包装印刷工艺的实施，需要有对应的工艺版。例如，四色版、起凸版、UV 版等。

效果图及印刷工艺要求和说明

uv版

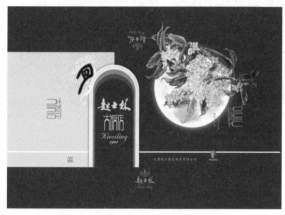

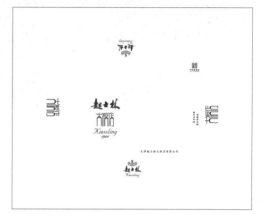

四色版

起凸版

印刷效果

思考题：包装印刷的后期加工中，可运用哪些工艺方式？